U0140526

四种颜色就够了

一个数学故事

[英] 罗宾·威尔逊（Robin Wilson） 著　　何生 译

人民邮电出版社

北京

图书在版编目（CIP）数据

四种颜色就够了：一个数学故事 /（英）罗宾·威
尔逊（Robin Wilson）著；何生译. -- 北京：人民邮
电出版社，2024.4

（图灵新知）

ISBN 978-7-115-63561-7

Ⅰ.①四… Ⅱ.①罗… ②何… Ⅲ.①数学史—普及
读物 Ⅳ.①O11-49

中国国家版本馆CIP数据核字(2024)第017692号

内 容 提 要

这是一个关于色彩、地图和数学的故事。只用四种颜色就能为世界地图染色，而且保证不会有两个邻接的区域颜色相同，这可能吗？在一百多年里，几乎每一位伟大的数学家都曾思考过这个看似简单的问题，但直到有了计算机的帮助，数学家才得到一个完整的证明。然而，这种证明方式也引发了数学界的巨大争议……本书介绍了"四色问题"的历史及其背后的数学知识，也讲述了人类思考、证明、解决一个数学问题的有趣历程。

本书适合所有对科学史、数学、地图、计算机科学等领域感兴趣的读者阅读。

◆ 著　　　　[英]罗宾·威尔逊（Robin Wilson）

　　译　　　　何　生

　　责任编辑　戴　童

　　责任印制　胡　南

◆ 人民邮电出版社出版发行　　北京市丰台区成寿寺路11号

　　邮编　100164　　电子邮件　315@ptpress.com.cn

　　网址　https://www.ptpress.com.cn

　　北京九州迅驰传媒文化有限公司印刷

◆ 开本：880×1230　1/32

　　印张：8.75　　　　　　　　2024年4月第1版

　　字数：203千字　　　　　　2024年4月北京第1次印刷

　　著作权合同登记号　图字：01-2014-6314号

定价：69.80元

读者服务热线：(010) 84084456-6009　印装质量热线：(010) 81055316

反盗版热线：(010) 81055315

广告经营许可证：京东市监广登字20170147号

版 权 声 明

弗朗西斯·格思里（1831—1899），四色问题提出者

以此纪念约翰·福韦尔，是他鼓励我完成此书，并感谢肯尼思·阿佩尔给予的支持和建议。

在某个星期天的早晨，

我和爱人静静地躺着，

看到五彩缤纷的郡县，

听见百灵高高地

在我们周围的空中盘旋。

——A. E. 豪斯曼，《什罗普郡一少年》

(A. E. Housman, *A Shropshire Lad*)

想象一下，有一位画家在画一头棕色的小牛和一条棕色的大狗……他得给它们涂上颜色，好让你一眼就能分辨出它们，是不是？当然。那么，你会希望他把它们都涂上棕色吗？当然不会。如果他把其中一个动物涂成蓝色，那就不可能分辨不清。对于地图也是如此。这就是为什么人们对每个州使用不同的颜色……

——马克·吐温，《汤姆·索亚出国记》

(Mark Twain, *Tom Sawyer Abroad*)

因为地图是印制在平面上的，所以我们只需要四种颜色就能将所有相互邻接的州区分开。在球体上，比方说地球吧，四种颜色也是足够的。但如果把地图印制在环面上——就像甜甜圈那样——那么，需要七种颜色才能区分各个州。毫无疑问，这也是人们很少在甜甜圈上看到美利坚合众国地图的原因之一。

——汤姆·罗宾斯，《苗条的大腿和身段》

(Tom Robbins, *Skinny Legs and All*)

中文版自序

自美国伊利诺伊大学的数学家肯尼思·阿佩尔和沃尔夫冈·哈肯证明四色问题至今已四十年了。在随后的二十年里，尼尔·罗伯逊及其合作者又对证明的细节做了改进。我在本书的 2002 年初版中就曾提到过他们的贡献。关于四色问题的新进展，2014 年的修订版都做了补充，然而截至修订版出版，这个问题的证明方法还没有出现根本性的革新。

很高兴何生能将本书翻译成中文，希望它能激励更多人致力于四色问题及其相关领域的研究。

罗宾·威尔逊

2016 年 3 月

序

这是一本关于四色问题的彩色书。真是太棒了！

自从罗宾·威尔逊的这本书问世以来，它一直是我最喜欢的数学科普书之一。但在初版时，由于当时的出版条件所限，不得不将它印成了黑白的，结果，那本书只能展现"四种灰色阴影"问题。虽然旧版本仍是一本极好的读物，其中涉及的数学概念非常清晰，但关于地图着色的书怎么说也应该是彩色的。如今，这个梦想实现了。

我之所以喜欢这本书，是因为它把一个艰深的问题处理得游刃有余，很好地平衡了娱乐性和知识性。作者将这一在数学界算得上是"知名难题"的问题的历史——这段历史是那么非凡而又略显离奇——与数学思想巧妙地结合。同时，在某种程度上，这本书做到了让每个对数学感兴趣的人都能读懂，无论他们的知识水平如何。

于是，这个扣人心弦的故事变得不仅通俗易懂，而且有真正的知识深度。

如今，我们知道四色问题的答案的确是"四种颜色就够了"：对任意平面上的地图而言，若想将拥有公共边界线的区域用不同颜色区分，所需颜色的最小数量就是四种。因此，它也可以被称为四色定理。

这个问题最吸引人的地方在于，任何人都能一下子理解题意，同时，人人都认为答案一定是对的，只需要通过纸笔做简单尝试就能进行验证，但全世界的数学家耗费了一个多世纪才完成证明。人们需要一个完整的、在逻辑上毫无瑕疵的方法，来精确无误地证明四种颜色就够了。而要做到这一点是极其困难的，它比大部分数学家认为的，或者说预计的，要难得多。

现在，所有已知的证明方法在很大程度上都依赖计算机，但是，就像罗宾告诉我们的那样，证明远远不是"直接用计算机计算"那么简单。从数学角度来看的确如此，因为这个有趣的问题涉及的远远不止算术和代数，它与结构和概念有关，还涉及可视化推理。在计算机上解决数学问题时，最困难的部分往往在于如何将问题转换为计算机可以处理的形式。而这才是解决四色问题最关键的地方。

好了，我就不再多描述罗宾写的这个非同寻常的故事了。能够剧透答案，我很开心。反正在大家开始阅读之前，罗宾自己就已经这么干了：答案就明摆在封面上。我已经说得够多了，就让罗宾以他自己精心编排的节奏和独特的风格为大家讲述这段故事吧！

这是一个多姿多"彩"的故事。

伊恩·斯图尔特
2013 年于英国考文垂

彩色修订版前言

在为"普林斯顿科学系列"修订的彩色版中，我更正了许多地方，也根据该领域的发展更新了内容。现在，全书经过重新设计，许多示意图也变为彩色的。

罗宾·威尔逊

2013 年 4 月

很少有数学问题可以让一般民众感兴趣。然而，在过去的一个半世纪里，关于地图着色的四色问题，即便算不上整个数学界最著名的难题，至少也是著名的难题之一。有成千上万的解谜专家、数学爱好者及数学家投身其中。

在本书中，我将把这段关于四色问题的历史及其有趣的解决过程呈现给读者。故事涉及许多好玩又古怪的人物，包括刘易斯·卡罗尔、伦敦主教、研究法国文学的教授、愚人节的捣蛋鬼、喜爱石楠的植物学家、酷爱高尔夫的数学家、一年只调校一次手表的男士、在蜜月里为地图着色的新郎，以及美国加州交警等。

在阐明问题之后，我将解释证明的主要思路及由此引发的哲学问题，同时略述其他相关的着色问题：从在甜甜圈上绘制地图，到为庞大"帝国"和马掌着色。

为了方便读者查阅，正文之后附有各个章节的注释与参考文献，以及四色问题大事年表。

我想感谢下面这些人，他们有人为我提供了十分珍贵的素材，有人为提高本书的质量提出了宝贵的意见，他们是：弗兰克·阿莱尔（Frank Allaire）、肯尼思·阿佩尔（Kenneth Appel）、汉斯－金特·比加尔克（Hans-Günther Bigalke）、诺曼·比格斯（Norman Biggs）、安德鲁·鲍勒（Andrew Bowler）、乔伊·克里斯平－威尔逊（Joy Crispin-Wilson）、罗伯特·爱德华兹（Robert Edwards）、保罗·加西亚（Paul Garcia）、沃尔夫冈·哈肯（Wolfgang Haken）、弗雷德·霍尔罗伊德（Fred Holroyd）、约翰·科克（John Koch）、斯蒂芬·麦格拉思（Stefan McGrath）、唐纳德·麦肯齐（Donald MacKenzie）、芭芭拉·梅恩豪特（Barbara Maenhaut）、戴维·纳尔逊（David Nelson）、苏珊·奥克斯（Susan Oakes）、托比·奥尼尔（Toby O'Neil）、阿德里安·赖斯（Adrian Rice）、格哈德·林格尔（Gerhard Ringel）、特德·斯瓦特（Ted Swart）、斯坦·瓦贡（Stan Wagon）、伊恩·万利斯（Ian Wanless）、道格拉斯·伍德尔（Douglas Woodall）和约翰·伍德拉夫（John Woodruff）。

本书初版问世时（2002 年）正值四色问题提出 150 周年，也恰好是它的证明发表 25 周年。

罗宾·威尔逊

2002 年 5 月

目录

第 1 章

四色问题

在四色问题的历史之旅启航之前，我们先得回答一些最基础的问题。

什么是四色问题

四色问题的定义很简单，它与地图着色有关。在为地图着色时，我们很自然地希望对邻接的国家使用不同的颜色，以便将它们区分开。那么，对于整幅地图而言，我们需要几种颜色呢？

乍一看，人们也许以为，地图越复杂，需要的颜色就会越多。然而出人意料的是，事实并非如此。对于任意地图而言，似乎至多只需要四种颜色就够了。于是，人们便引出了四色问题。

四色问题

在邻接的国家使用不同颜色的前提下，所有地图都只需要至多四种颜色吗？

为什么四色问题引人入胜

破解任何谜题，比如拼图游戏或纵横填字游戏，都能给人们带来纯粹的快乐，让人们放松。同样，四色问题也能让人成日地沉浸在喜悦（或沮丧）之中。从某种意义上来说，四色问题算是一种挑战，就像登山运动能给攀登者带来突破身体极限的愉悦一样，这个问题的定义如此简单，但又显然难以征服，它也为数学家带来了极为复杂的智力挑战。

四色问题重要吗

也许出人意料，但四色问题对地图制图员而言根本谈不上重要。在 1965 年发表的一篇有关该问题缘起的文章中，数学史专家肯尼思·梅（Kenneth May）指出：

> 在对美国国会图书馆所收藏的大量地图册进行抽样后发现，地图本身并没有尽可能地少用颜色的倾向。只用四种颜色的地图其实非常少，而有些用了四种颜色的地图，其实往往只需要三种颜色。在关于制图学和地图绘制史的书籍中，尽管常常会讨论各种各样与地图着色有关的问题，却从未提及地图的四色特性……四色问题并不起源于制图学，也从未在该领域得到过应用。

同样，诸如被单制造商、补缀工、马赛克图案设计者，以及那些需要将小补丁或小砖块所用颜色的数量限制在四种之内的人，对该问题也并不感兴趣。

然而，四色问题并不仅是用来满足好奇心的玩意儿。除了具有娱乐性，在寻求其证明的那么多年里，它还刺激和发展出了许多激动人心的数学方法，而这些方法在各种重要的现实问题中得到了应用。许多实际的网络问题，无论是公路网、铁路网还是通信网，归根结底都源于地图着色问题。事实上，一本关于图论（借助图研究对象之间关联的数学分支）的书还指出，整个图论的发展都源于解决四色问题。在计算机理论领域，人们近来在对算法（用一系列有限步骤解决问题的方法）深入研究后发现，它们也与着色问题非常相似。四色问题本身可能并不是数学界的主流问题，但随着它的研究推进所带来的启示，在数学发展中发挥着越来越重要的作用。

怎样才算"解决"四色问题

若想"证明"四色定理，就需要说明所有地图，无论是真实世界的地理地图，还是凭个人喜好精心绘制的假地图，都只需要四种颜色。如果命题不成立，人们就得拿出一幅需要五种甚至更多颜色的地图来证明——只需要一幅就行。然而，如果命题成立，那就必须对所有可能的地图都进行验证：即便已经验证了亿万幅地图也是不够的，因为或许就有那么一幅没有被验证过的地图，它在排列区域时的确需要五种甚至更多颜色。在其他科学领域里，若想证明给定的猜想，只要在满足基本假设的前提下，绝大多数的实验结果符合预期就可以了；然而数学证明必须是完整、精确的，不允许有任何例外。为了证明四色定理，人们必须找到一种可以应对所有地图的通用证明方法，想发现这样的方法就需要大力发展理论体系。

谁提出了四色问题，它又是如何被解决的

四色问题最早是由弗朗西斯·格思里（Francis Guthrie）在约170年前提出的。但是，人们花了100多年，为地图着色，发展必要的理论体系，才终于有了一个确定的答案：对所有地图来说，四种颜色就够了。在此期间，甚至还留下了艰深的哲学问题。沃尔夫冈·哈肯（Wolfgang Haken）和肯尼思·阿佩尔（Kenneth Appel）在1976年提出了最终解决方法，该方法需要超过1000小时的计算机计算时间，这让人既感到欣欣鼓舞又觉得有一丝沮丧。值得一提的是，数学家至今仍然在争论：如果一个问题的解不能直接用人工检验，那么能否认为它已经被解决了？

用数字着色

在开始讲述这段历史之前，我们需要对四色问题做进一步的解释，说明它用到了哪些基本假设。比如说，什么是"地图"？

我们可以认为，一幅地图是由很多国家或区域组成的。它们既可以是英国地图中的郡，也可以是美国地图中的州。每个国家的边界由数条边界线连接而成，这些边界线在各交点处相交。两个共有一条边界线的国家被称为邻接的国家。比如，下图中的国家 A 和国家 B 就是邻接的国家。

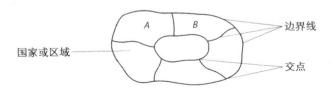

对地图着色时，必须保证邻接的国家使用的颜色是不同的。注意，有些地图的确需要四种颜色。下面的地图中有四个互相邻接的国家，每个国家都与另外三个相邻，这几个国家都必须用不同的颜色着色，因此需要用到四种颜色。在实际中存在这样的情况，比如比利时、法国、德国和卢森堡彼此邻接，这四国的地图就需要四种颜色。

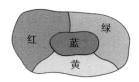

有些地图并不需要四种颜色。比如，下面的两幅地图，可以交替使用两种颜色（红色和绿色）来为外层环形上的国家着色，位于中央的国家再用另一种颜色（蓝色），因此需要三种颜色。

值得注意的是，有些地图中虽然没有四个互相邻接的国家，但也需要四种颜色。下面的地图中成环的五个国家，就不能只用两种颜色交替着色，而需要第三种颜色。而位于中央的国家又必须不同于这三种颜色，所以这幅地图一共需要四种颜色。

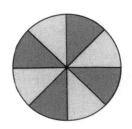

在为美国本土的 48 个州（不算阿拉斯加州和夏威夷州）着色时，就会遇到上述情况。在地图上，位于西部的内华达州被成环的五个州所包围，它们分别是俄勒冈州、爱达荷州、犹他州、亚利桑那州和加利福尼亚州。这些成环的州一共需要三种颜色，而内华达州则要用到第四种颜色。用这四种颜色可以完成对整幅美国本土地图的着色。

就美国地图而言，还能做更深入的研究。我们可以发现有四个州相交于一点，它们是犹他州、科罗拉多州、新墨西哥州和亚利桑那州。我们约定，当两个国家或区域在单点相交时，它们可以使用相同的颜色。因此，犹他州和新墨西哥州用同一种颜色，科罗拉多州和亚利桑那州可以共用另一种颜色。这个约定非常必要，否则我们可以构造出一种"饼图"，它可以用完任意多种颜色，比如下图，由于八块饼在中心处相交，因此要用八种颜色。但是，一旦有了上述约定，这幅图则只需两种颜色。

另外一种只需两种颜色的"地图",类似国际象棋棋盘,在相交于一点的四块方格上,交替地使用黑色和白色,如下图所示。

在美国地图上,还有一处需要注意的地方是密歇根州,它被五大湖之一的密歇根湖分成了两部分,所以两块区域必须使用同一种颜色。尽管在特定情况下(如美国地图),为一个被分成几块的国家或区域着色并不会带来什么麻烦,但是如果下图中标有 1 的两块区域是一个国家,就会有麻烦。图中的五个国家,每一个都与另外四个有公共的边界线,因此需要五种颜色。

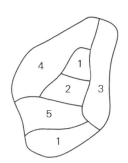

为了避免这种麻烦，我们假设每个国家只能是一整块的。

有些人还希望在着色时考虑外部区域。一般说来，这一点是无关紧要的，因为我们可以把这块外部区域当作一个额外的（环形）国家，如下图所示。

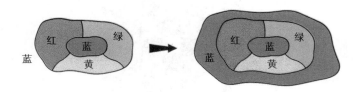

不过，更有效地考虑外部区域的方法是假设地图被绘制在球体上，而不是平面上。对上图而言，这样可以使外部区域和其他区域之间没什么不同，如下图所示。

事实上，在平面上与在球体上（用更准确的数学语言来表达的话，应该是在球面上）绘制地图是等价的。下页图是立体投影的示意图，它将球面映射到平面。我们可以对球面上的地图以北极为原点进行投影，生成平面地图。反之，对于给定的平面地图，我们也可以将其逆投影到球面上。

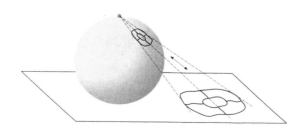

可以发现，这类投影不会对地图着色产生任何影响。如果邻接的两个国家是红色和绿色的，那么投影之后（无论是哪个方向的投影），它们的颜色依然是红色和绿色。因此，我们重新描述一下球面上的四色问题。

球面上的四色问题

在邻接的国家使用不同颜色的前提下，所有球面上的地图都只需要至多四种颜色吗？

如果我们能解决球面地图的四色问题，那么便可以立刻将它推广到平面地图上。反之，如果我们找到了处理平面地图四色问题的方法，那么就立刻掌握了针对球面地图的方法。因此，无论地图是画在平面上还是画在球面上，都没什么区别，我们不必考虑是否要对外部区域着色。

还有一些简化问题的假设需要说明，这些简化不会对四色问题本身造成实质影响，但是对解释问题很有帮助。毫无疑问，我们考虑的每幅地图都是完整的，因为我们可以视各个区块为独立的地图，然后对它们分别着色。同样，也可以排除那些只在单点与其他部分相连的区块，因为它们也可以被单独着色。特别是，我们可以忽略那些只有一条边界线的国家。因此，下面的地图都可以被简化。

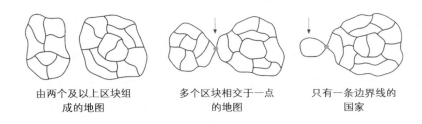

由两个及以上区块组成的地图　　多个区块相交于一点的地图　　只有一条边界线的国家

最后，假设每个交点至少有三条边界线相交。这是因为，如果某个交点只有两条边界线相交，那么该交点可以忽略，并不影响着色，如下图所示。

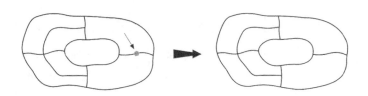

事实上，我们在第 4 章将看到，在尝试解决四色问题的过程中，可以只关注那些每个交点都恰好有三条边界线相交的地图，如下页上图所示。这类地图很常见，因此我们给它们起了一个特别的名字——三次地图。你不妨试试用四种颜色为这幅地图着色。（更进一步，可以只用三种颜色吗？）

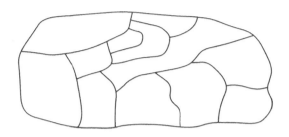

两个例子

在本章的最后，让我们讨论下面两个为平面地图着色的例子。

例 1

在下图中，已经有三个国家涂上了颜色。我们如何才能用红、蓝、绿、黄这四种颜色为整幅地图着色呢？

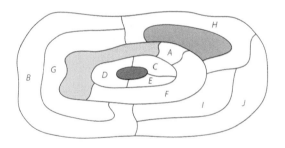

我们注意到，国家 A 与被涂成绿色和黄色的国家有公共的边界线，因此它只可能用蓝色或者红色。接下来，让我们分别就这两种可能性进行讨论。

如果国家 A 用蓝色，那么国家 F 只能用红色（因为它与涂成蓝色、绿色和黄色的国家都邻接），进而国家 D 只能用绿色，国家 E 只能用黄色。于是，形成了下面的地图。

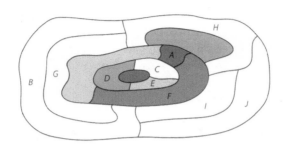

但是，由于国家 C 与用四种颜色的国家都邻接，因此无法对国家 C 进行着色。所以，国家 A 只能用红色，不能用蓝色。

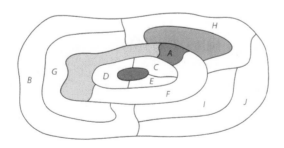

现在，国家 F 用蓝色，国家 C 用绿色，国家 D 用红色，国家 E 用黄色。接下来，继续推导可得：国家 H 用红色，国家 G 用绿色，国家 B 用黄色，国家 I 用绿色，国家 J 用蓝色。下页图便是完成着色的地图。

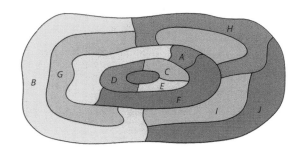

例 2

这个例子最初是以愚人节玩笑的形式出现的。多年来，马丁·加德纳（Martin Gardner）在《科学美国人》杂志上创设了一个非常成功的数学专栏，其中很多文章后来被结集出版。在 1975 年 4 月 1 日出版的这期杂志中，他为了和读者开玩笑，捣鼓出"六大不为人知或被忽略的重大发现"，里面有会下国际象棋的机器（当时被认为不可能）、推翻爱因斯坦狭义相对论的思想实验，还有证明达·芬奇是抽水马桶发明人的古老手稿。他在文章里写道：

> 去年，在纯粹数学领域中，最大的发现要算找到了让人皱眉的四色地图猜想的一个反例……去年 11 月，纽约沃平格斯瀑布地区的图论专家威廉·麦格雷戈（William McGregor）构造了一幅由一百一十块区域组成的地图，它至少需要五种颜色才能完成着色。

1975 年 7 月，该杂志澄清这不过是愚人节的一个玩笑。加德纳称，这个愚人节玩笑引来了数以千计的回信，其中几百位读者给出了只用四种颜色的着色方法。麦格雷戈的地图如下所示。你能只用四种颜色为其着色吗？

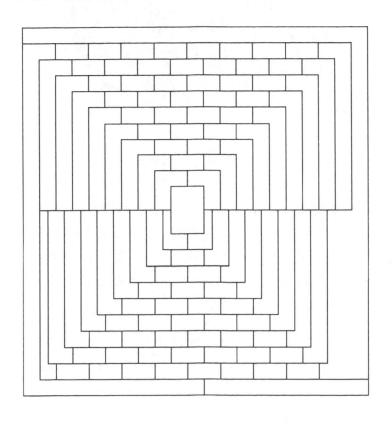

第 2 章

四色问题的提出

四色问题不像很多数学问题那样，起源无从考证，它的起源可以被准确地追溯到一封 1852 年写于伦敦的信。不过，在很长的一段时间里，人们认为这个问题出现得还要早些——大约在 1840 年德国的一次讲座上，它就已经被提出了。让我们从调查研究这些不同的说法开始讲述整段历史，从而拨开这段"公案"的迷雾。

德·摩根的一封信

1852 年 10 月 23 日，伦敦大学学院的数学教授奥古斯塔斯·德·摩根（Augustus De Morgan）给他的朋友——著名的爱尔兰数学家和物理学家威廉·罗恩·哈密顿爵士（Sir William Rowan Hamilton）写了一封信。这是一件再平常不过的事情。两位先生通信多年，他们会交流家庭近况、伦敦和都柏林的学界最新动向，也会分享一些和数学有关的消息。当然，他们都没有料到这封信中谈到的内容将为数学史翻开新的篇章，因为四色问题就是从这里诞生的。

A student of mine asked me to day to give him a reason for a fact which I did not know was a fact — and do not yet. He says that, if a figure be any how divided and the compartments differently coloured so that figures with any portion of common boundary line are differently coloured — four colours may be wanted but not more — The following is his case in which four are wanted

A B C & c are names of colours

Query cannot a necessity for five or more be invented

1852 年 10 月 23 日，奥古斯塔斯·德·摩根致威廉·罗恩·哈密顿爵士的信件中的一部分内容今天，我的学生提了一个问题，他希望我能为他解释其中的原因，而此前我并不知道会有这样的情况——我现在还是不太确定它是正确的。他说，无论将一个图形怎么分割，为分割后得到的区块着不同的颜色，同时要求任何共有边界线的区块颜色都不同，最多只需要四种颜色。下图就是他提出的只需要四种颜色的例子。

A、B、C、D 代表不同的颜色

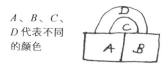

能不能构造出必须着五种或以上颜色的图形组合？

这个问题你怎么看？如果这个说法是对的，是否已经有人做过研究？我的学生说，他是在为英格兰地图着色时想到的……我越研究越发现它可能真是如此。如果你能举出一个简单的例子来反驳，让我茅塞顿开的话，我想我会像斯芬克斯那样……

"像斯芬克斯那样"，这可能说得有点儿夸张。古希腊神话中的斯芬克斯是非常著名的怪兽，她在俄狄浦斯解答了她提出的谜题后，跳崖而亡。这个高深的谜题说的是：什么动物早上用四条腿走路，中午用两条腿走路，而到了晚上用三条腿走路？答案是人（婴儿时期用四肢爬行，长大以后用两条腿走路，老年则拄着拐杖走路）。

多年以后，人们确信在那关键的一天，是一位名叫弗雷德里

克·格思里（Frederick Guthrie）的学生给德·摩根出了这个难题。数年后，弗雷德里克成了一名物理学教授并在伦敦创办了物理学会。但是，为英格兰地图着色的人并不是弗雷德里克本人，他在 1880 年回忆道：

> 大约三十年前，那时我正在学德·摩根教授的一门课程，而我的哥哥弗朗西斯·格思里（他现在是开普敦南非大学的数学教授）不久之前刚刚修过这门课。他告诉我，他在为地图着色时，想避免直接相连的区域用相同的颜色，最多只需四种颜色。在尝试证明了一段时间之后，我发现自己无法解决这个问题，但是在手稿空白处，我给出了一幅关键的示意图。

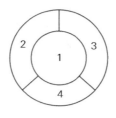

> 在得到哥哥的许可后，我把这个"定理"告诉了德·摩根教授。他听到后非常高兴，认为这事很新鲜；并且，我从后来上他的课的学生那里获悉，他有确认消息源的习惯。
>
> 我没记错的话，我哥哥对自己给出的证明并不满意，但在谈及这个有趣的事情时，我还是要提到他……

　　尽管弗雷德里克·格思里的哥哥弗朗西斯毫无疑问是四色问题的提出者，但他的证明思路并没有留下来。弗朗西斯·格思里是德·摩根在伦敦大学学院的历届学生中的一个，他于 1850 年获得了文学学士学位。两年后，他又取得了法学学士学位，并于 1857 年取得了律师资格。在南非，他的职业生涯成就斐然，先是在赫拉夫 – 里内特新组建的大学里成为数学教授，后来又去了开普敦的南非大学。他还在植物学领域做出了被广泛认可的贡献，植物学也是他的主要爱好，格思里葵（*Guthriea capensis*，即青钟堇）和格思里石楠（*Erica guthriei*）就是以他的姓氏命名的。不过，尽管地图着色问题有时也被称为格思里问题，但他本人从未就这个问题发表过任何文献。

　　而弗雷德里克·格思里则可能是第一个发现把四色问题推广到三维空间将会毫无意义的人：如果允许存在三维的“国家”，那就可以构造出需要任意多种颜色的地图。比如说，在关于他哥哥的笔记中，他提到过一种两两相交的弹性棒（也可以是彩色毛线）。由于要求互相接触的弹性棒的颜色不同，因此需要和弹性棒的数量一样多的颜色。在弗雷德里克给出的如下图示中，五根弹性棒就需要五种颜色。

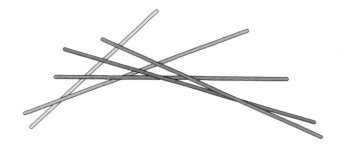

还有一个三维空间的例子，是后来由奥地利数学家海因里希·蒂策（Heinrich Tietze）提出的。假设取一些横条并标以 $1 \sim n$，在它们上面再放 n 根竖条，同时将这些竖条标为 $1 \sim n$，然后将有相同数字的横条和竖条连接起来，构成一个"国家"。于是，我们得到了 n 个三维国家，所有这些国家都两两相接，因而需要 n 种颜色，其中 n 可以任意大。下图为当 $n=5$ 时，构造五个国家的过程。

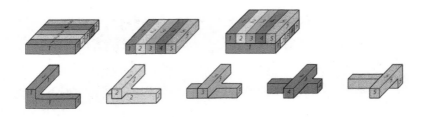

霍茨波和《雅典娜神庙》

在 1852 年，奥古斯塔斯·德·摩根和威廉·罗恩·哈密顿爵士都已在各自的领域里颇有建树。德·摩根毕业于剑桥大学，后来，他成为新组建的伦敦大学学院的首位数学教授，并且一干就是三十多年。同时，他是一位著作丰富又别具一格的作家，他的主要成就有畅销书《悖论集》、集合论中的"德·摩根律"，以及在数理逻辑方面的贡献。哈密顿是一位神童，他 5 岁时就通晓拉丁语、希腊语和希伯来语，而到 14 岁时，又学会了阿拉伯语、梵语、土耳其语和一些别的语言。在还是都柏林三一学院的本科生时，他就成了爱尔兰皇家天文学家，这个称号一直保留到他 1865 年逝世。

奥古斯塔斯·德·摩根（1806—1871）

我们之前提到，德·摩根于 1852 年给哈密顿写信并不是一桩孤立事件，因为他们定期通信长达三十年之久。1830 年左右，他们通过查尔斯·巴贝奇（Charles Babbage）的介绍，彼此仅见过一次面。巴贝奇所设计的被称为分析机的设备，是一个世纪后可编程计算机的雏形。德·摩根和哈密顿都出席的另一个场合，是纪念天文学家和数学家约翰·赫歇尔爵士（Sir John Herschel）的晚宴，但是由于当时人太多，他们没有机会说上话。

在德·摩根写信给哈密顿谈起四色问题的时候，他或许希望这能引起哈密顿的兴趣。毕竟，德·摩根此前对哈密顿的研究工作很感兴趣，其中包括他开创性的四元数理论。很多数学运算是可交换的，也就是说，它们的计算与顺序无关，比如，普通数的加法和乘法就是可交换的（如 3+4=4+3 和 3×4=4×3）。不过，对于哈密顿的四元数而言，乘法是不可交换的：他创造的"数"是由四部分相加得到的，形如 $a+bi+cj+dk$（其中，a、b、c、d 是数，并有 $i^2=j^2=k^2=-1$）。这些数的乘法不符合交换律，比如，$i×j=k$，但 $j×i=-k$；$k×i=j$，但 $i×k=-j$。

最后，德·摩根写给哈密顿的那封关于四色问题的信，得到了一个简短而独特的答复："我可能不会很快投入你提出的'四元色'的研究。"德·摩根又接二连三地给其他数学家朋友写信，希望他们能对此感兴趣。他痴迷于该问题的复杂性，并且，在最初的那封给哈密顿的信中，他试着解释了这个问题究竟复杂在哪里：

> 就我现在的认知程度而言，在极端情况下，如果四块区域中的任何一块都与其他三块有公共边界线，那么，其中的三块区域会把第四块区域包围在中间，从而不存在第五块区域可以与它相邻接。如果这一点成立，那么在用四种颜色给任意地图着色时，相同颜色的区域只会在一个点上相交。

> 看起来，如果三块区域 A、B 和 C 两两之间有共同的边界线，那么，想要第四块区域与这三块都相邻接，就必须将四块中的一块包围在中间。不过，这个说法有点儿绕，我不确定自己想周全了。你觉得呢？如果这个说法成立，是不是已经有人研究过了？

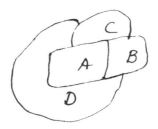

　　德·摩根意识到，如果一幅地图有四块区域，每块区域又和其余三块相邻接，那么，其中必定有一块区域会被另外三块完全包围。当时，他错误地认为这是问题的关键，很快就沉迷其中。由于无法证明这个命题，他提议假设它是一条公理——他理解的所谓公理，就是"那些不依赖于更简单的命题的命题"。

　　1853 年 12 月，德·摩根写信给著名哲学家、当年的剑桥三一学院院长威廉·休厄尔（William Whewell，旧译胡威立），并在信中称，直到研究地图着色问题时，他才发现了这条"一直沉睡着"的数学公理。

　　　　我不久就有了这样的发现经历：起先以为不可能，接着认为完全正确，再后来只能把它当公理。这是因为，我实在找不到它还需要依赖什么在我看来更简单的东西。

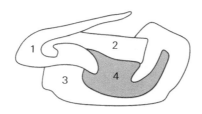

对四块相互独立的区域而言，如果每块都与另外三块
有公共边界线，那么，其中一块区域必定被另外三块（或
者更少）包围……

六个月后，德·摩根在给剑桥大学数学家罗伯特·埃利斯
（Robert Ellis）的信中进一步写道：

就拿休厄尔对这条潜在公理的看法来举例吧，虽然
他一开始觉得难以置信，但后来还是把它当作了基本
原理。

当时已知最早提及四色问题的出版物也和威廉·休厄尔有关。
1860 年 4 月 14 日，一篇未署名的关于休厄尔的《发现的哲学：历史
上的重要时刻》的长篇书评被发表在了《雅典娜神庙》上，这是当
时的一本通俗文学杂志。在书评中，作者概述了四色问题，并声称
地图制图员对它都很熟悉。他含含糊糊地写道：

如今，为地图上色的人都知道，只要四种颜色就够了。
就像霍茨波说的，让郡县都打这儿弯过来吧。设计者会想
尽办法把每个郡县都画得十分古怪。让每一块区域来来回
回地弯弯绕，变得奇形怪状吧。如此一来，当女王陛下诏
令各地治安官在自己的辖区里来回穿梭时，该有多荒唐。
但不管怎样，四种颜色就足够让各地泾渭分明了。

这里提到的霍茨波源自莎士比亚的《亨利四世》上篇。霍茨波

在剧中说过：“瞧这条河水打这儿弯了进来……①”

这篇书评后面又断言道，如果一幅地图上的四块区域中的任意一块都和其他三块有公共边界，那么必然有一块区域会被另三块包围。这就明白无误地暴露了作者身份，书评的作者就是德·摩根本人。德·摩根也确实在 1860 年 3 月 3 日给休厄尔写了一封信。在信中，他对休厄尔的赠书表示感谢，同时提到《雅典娜神庙》杂志已经给过他一本，并请他写书评，而“书将未裁奉还”（那时候，人们需要用裁纸刀将书一页页地裁开后才能阅读）。

近年来，人们发现了一份更早提及四色问题的出版物。在 1854 年 6 月 10 日的《雅典娜神庙》里的“杂记”专栏中（这比德·摩根的书评还要早六年），人们发现了一封信：

Tinting Maps.—In tinting maps, it is desirable for the sake of distinctness to use as few colours as possible, and at the same time no two conterminous divisions ought to be tinted the same. Now, I have found by experience that *four* colours are necessary and sufficient for this purpose,—but I cannot prove that this is the case, unless the whole number of divisions does not exceed five. I should like to see (or know where I can find) a general proof of this apparently simple proposition, which I am surprised never to have met with in any mathematical work.　　F. G.

这封信看起来很有可能与弗朗西斯·格思里或他的弟弟弗雷德里克有关，但信件的落款是弗朗西斯·高尔顿（Francis Galton，F. G.），他是一位地理学家，也是在那段时间里想加入“雅典娜神庙俱乐部”

---

① 参见朱生豪译《亨利四世》上篇第三幕第一场，人民文学出版社，1978 年。本书脚注如无特殊说明，均为译者注。

的一位科学工作者。我们在后面还将提到他。

由德·摩根匿名发表在《雅典娜神庙》上的这篇书评，让四色问题跨越大西洋来到了美国。美国数学家、哲学家和逻辑学家查尔斯·桑德斯·皮尔斯（Charles Sanders Peirce）研读了这篇书评后，便一直关注着这个问题。皮尔斯认为，它是"一个让逻辑学和数学蒙羞的命题，它那么简单却居然找不到证明的方法"。后来，他在哈佛大学给他父亲本杰明·皮尔斯（Benjamin Peirce）介绍了一个并不成功的证明。本杰明是哈佛大学著名的数学和自然哲学教授。查尔斯·桑德斯·皮尔斯后来写道：

> 在 1860 年前后，德·摩根在《雅典娜神庙》上发表的文章让人们注意到一个事实：这个定理尚未被证明。不久，我向哈佛大学的数学学会提交了一份关于将这个命题扩展到其他平面后需要更多颜色的证明，我的证明从未被发表过，但是在场的本杰明·皮尔斯、J. E. 奥利弗（J. E. Oliver）和昌西·赖特（Chauncey Wright）都没有发现什么错误。

事实上，这次讨论会可能发生在 19 世纪 60 年代后期，但是，皮尔斯在哈佛大学的手稿中并没有关于这个证明的实质性内容。他提到的"扩展到其他平面"是指将地图画在有别于地球（球面）的平面上。比如说，假设我们所处的世界的形状像汽车内胎或甜甜圈、贝果面包（数学家称这类表面为环面），那么我们需要多少种颜色呢？从皮尔斯在哈佛大学未发表的笔记来看，他发现环面地图需要六种颜色，但实际上我们可以得到更准确的结论。在下面的环面地图中，有七个互相邻接的国家，因此它需要七种颜色（我们会在第 7 章再次讨论环面地图的着色问题）。

皮尔斯后来说，四色问题有助于检验他的逻辑能力是否有所提高。确实，他的数理逻辑研究还发展出了一套"关于关系的逻辑学"，并且他于 1869 年 10 月将其专门应用到地图着色问题上（他所使用的方法详见第 5 章）。

1870 年 6 月，皮尔斯在环游欧洲的第一站就去伦敦拜访了病中的德·摩根。他们当时是否讨论过四色问题，已经无从知晓了。不过那时，四色问题在英国似乎已经被人们遗忘，因此，没有证据表明，那些收到德·摩根信的人与 1852 年第一次听说四色问题的哈密顿相比，会对此更有兴趣。1871 年 3 月 18 日，奥古斯塔斯·德·摩根在伦敦去世，他没有在四色问题上取得过什么进展，也没有料到这个问题在一个多世纪后才被解决。

默比乌斯和五位王子

如前所述，四色问题是由弗朗西斯·格思里在 1852 年首先提出的。然而，人们有时候会错误地认为这个问题早在 1840 年前后就出现了。这种观点认为，德国数学家和天文学家奥古斯特·费迪南德·默比乌斯（August Ferdinand Möbius）在当时的一次讲座中提出了这个问题。从表面上看，默比乌斯提出的五位王子问题与四色问题很像。就让我们来看看，为什么有人会把它们搞混吧。

奥古斯特·费迪南德·默比乌斯（1790—1868）

很多年里，默比乌斯一直是德国莱比锡大学的天文学教授兼莱比锡天文台台长。在数学领域，数论里的默比乌斯函数和几何学里的默比乌斯变换都是以他的姓氏命名的。但最著名的恐怕要算"默比乌斯带"（也称为"默比乌斯环"）了，这是一种将一根矩形长条的一端先旋转 180°，再把它的两端粘接起来所形成的奇怪东西（见下页图）。默比乌斯带只有一个面和一条边，这意味着，一只蚂蚁可以在不离开表面或跨过边界的情况下，由一点出发爬到面上的任意一点。当默比乌斯在 1858 年创造这个东西的时候，他已经 68 岁了。尽管光学教授约翰·贝内迪克特·利斯廷（Johann Benedict Listing）在六个月之前就已经提出了相同的构想，但他并没有因为优先发现而获得应有的荣誉。

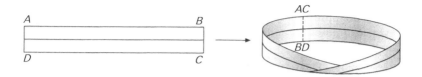

在默比乌斯的一次几何学讲座中，他提出了这样的问题，该问题显然是从他在莱比锡大学的朋友、语言学家、对数学抱有极大兴趣的本杰明·戈特霍尔德·魏斯克（Benjamin Gotthold Weiske）那里受到启发后想到的。

五位王子问题

从前，在印度有一位拥有广阔疆域和五个儿子的国王。在国王的遗诏中，他要求在自己死后，五个儿子将国土分为五份，但这五块土地必须每块都与另外四块有公共边界线（不能只有公共边界点）。为了满足这样的要求，土地该怎么分呢？

在下一次讲座中，默比乌斯的学生纷纷表示，尽管他们努力试着解答这个问题，但都没有成功。默比乌斯大笑着对学生说，很抱歉让他们徒劳一场了，因为这样的分割方式是不可能实现的。

人们很容易直观地发现，为什么默比乌斯提出的问题无解。这是因为，假设前三个儿子分到的土地为 A、B 和 C，这三块土地两两共有边界线，如下页图 (a) 所示。那么，属于第四个儿子的土地 D 要么被土地 A、B 和 C 完全包围，要么完全在 A、B 和 C 之外，如下页图 (b) 和图 (c) 所示。这两种情况都会使属于第五个儿子的土地 E 无

法与 A、B、C 和 D 共有边界线。

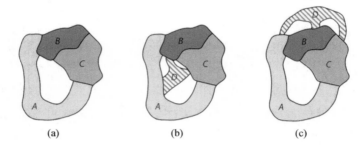

(a)　　　　　　　(b)　　　　　　　(c)

后来，海因里希·蒂策扩展了默比乌斯的五位王子问题，他提出了一个与此相关的新问题。

五座宫殿问题

国王又要求他的五个儿子必须在他们各自的土地上营造一座宫殿，然后铺设将宫殿两两相连的道路，而道路必须彼此不相交。如何铺设这些道路呢？

这个问题同样是无解的。与前面五位王子问题无解的情况类似，我们可以说明为什么它也是无解的。

假设属于前三个儿子的宫殿为 A、B 和 C。这三座宫殿可以如下页上图 (a) 所示的那样，在没有相交的情况下彼此有互连的道路。那么，属于第四个儿子的宫殿 D 要么坐落在由连接 A、B 和 C 的道路所组成的区域内，要么在区域外，这两种情况如下页上图 (b) 和图 (c) 所示。在这两种情况下，都无法让属于第五个儿子的宫殿 E 拥有既能通往 A、B、C 和 D，又不与其他任何道路相交的道路。

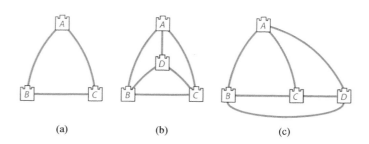

(a)   (b)   (c)

请注意，如果这两个问题中的任意一个有解，那么都可以推导出另一个问题的解：如果五位王子能将王国分割成两两相邻的五块土地，那么他们也就能在自己的土地上建造宫殿后，铺设通往其他各个宫殿且不相交的道路；反之，如果五位王子能建造出两两之间由不相交的道路相连的宫殿，那么，他们就能基于这五座宫殿将王国分割成五块互邻的土地。此外，如下图所示，如果国王只有四个儿子，那么土地是很容易分割的，而宫殿之间也可以铺设两两相连且不相交的道路——在四个儿子的情况下，两个问题的解可以相互转化。

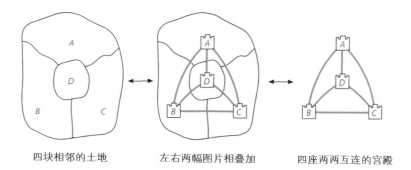

四块相邻的土地   左右两幅图片相叠加   四座两两互连的宫殿

在结束关于默比乌斯的五位王子问题的讨论之前，还得提一下海因里希·蒂策给出的"解"。他是这样解释的：

> 五位王子因为意识到父王的遗愿无法实现而陷入了绝望。就在这时，出现了一位流浪的巫师，他声称能解决这个问题……可以想象，最终他得到了丰厚的报酬。

巫师的办法是在五块土地中不相邻的两块土地之间用一座桥相连，如下图所示。

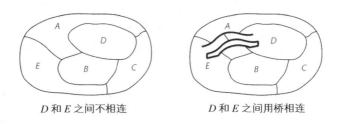

D 和 E 之间不相连　　　　　　　　D 和 E 之间用桥相连

当然，这是违规的，因为我们要求整个王国是画在一个平面上的。不过，巫师的办法可以用于环面上的类似问题。

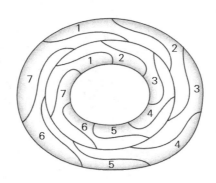

事实上，对于这类问题，国王可以最多有七个儿子。前一页的下图给出了在环面上分割出七块互邻的土地的方法，每块土地分给七个儿子中的一个。但是，如果我们把问题严格限制在平面上，那么根据前面的讨论，能实现两两互邻的土地最多只能有四块——在平面上，不存在五块两两互邻的土地。

别搞混了

默比乌斯的五位王子问题和四色问题之间有什么联系？为什么二者容易被混为一谈呢？在回答这个问题之前，让我们先喝杯茶，来厘清一些逻辑问题。我可以毫无疑问地说：

> 如果茶太烫，那么我就没办法喝。

另一种表述方式是将它颠倒过来说：

> 如果我能喝茶，那么它就不会太烫。

但我不能这样说：

> 如果茶并不太烫，那么我就能喝。

可能有很多"我不能喝"的其他原因，比如可能因为茶太浓、太甜，甚至是有只苍蝇在里面。

针对这种逻辑，我们再举一个算术上的例子，让我们来看看整数的整除性：

如果一个整数以 0 结尾，那么它能被 5 整除。

比如说，10、70 和 530 都以 0 结尾，它们都能被 5 整除。反过来说，我们可以有下面的推论：

如果一个整数不能被 5 整除，那么它不可能以 0 结尾。

比如说，11、69 和 534 都不能被 5 整除，这些数没有一个是以 0 结尾的。但我们不能这样说：

如果一个整数能被 5 整除，那么它以 0 结尾。

这是因为，还有很多不以 0 结尾的整数能被 5 整除，比如 15、75 和 535。

逻辑学家喜欢用符号来表示这类陈述。如果我们用字母 P 代表"茶太烫"或者"一个整数以 0 结尾"，用字母 Q 代表"我不能喝"或者"它能被 5 整除"，那么我们就能将上面提到的两个推理案例中的第一个陈述写成如下形式：

如果 P 为真，那么 Q 为真，或者等价地说，P 蕴含 Q。

反过来，我们可以说：

如果 Q 为假，那么 P 为假，或者说，非 Q 蕴含非 P。

但我们不能说：

如果 P 为假，那么 Q 为假，或者说，非 P 蕴含非 Q。

让我们回过头来讨论默比乌斯的五位王子问题。假设国王的遗愿可以满足，那么，这五位王子中任意一位的土地都能和其他四位王子的土地有公共边界线，也就是说，存在五块两两互邻的土地，且每块都与其他四块相邻。如果我们想用不同的颜色给这五块土地着色，那么就要用到五种颜色（每块土地一种颜色）。如此一来，四色定理不成立。

因此我们得到这样的结论：

> 如果存在有五块互邻土地的地图，那么四色定理不成立。

在这里，P 代表"存在有五块互邻土地的地图"，Q 代表"四色定理不成立"。比照之前的情况，将它反过来说，我们得到：

> 如果四色定理成立，那么不存在有五块互邻土地的地图。

但我们不能说：

> 如果不存在有五块互邻土地的地图，那么四色定理成立。

综上所述，即便证明了默比乌斯的问题无解，还是不能证明四色定理。

多年来，很多人用证明地图上不可能有五块互邻土地的方法去试着证明四色定理。但是，正如我们刚才讨论的，这并不能得到想要的结果：在逻辑上，这种方法就不对。

粗心的德国几何学家理查德·巴尔策（Richard Baltzer）就犯过这样的错误。1885 年 1 月 12 日，他在莱比锡科学学会的一个讲座上评述了（在默比乌斯遗稿中发现的）五位王子问题，并解释了为什么不存在五块互邻的土地。巴尔策随后发表了这个讲座的内容，并错误地宣称由他的证明可以立刻推导证明四色定理。

美国布林茅尔学院的伊莎贝尔·麦迪逊（Isabel Maddison）读到了巴尔策的论文。1897 年，她在著名的《美国数学月刊》上发表了《关于四色问题历史的笔记》，文中提到了巴尔策的论文，并评论说："看起来，人们并没有注意到默比乌斯在 1840 年的讲座中，以一种略微不同的形式提出了这个问题。"

此后，认为默比乌斯第一个提出四色问题的说法渐渐被越来越多的人接受，而且，一些流传甚广的数学著作还强化了这种错误观点，比如埃里克·坦普尔·贝尔（Eric Temple Bell）所著的《数学的历程》。直到 1959 年，这个观点才由几何学家 H. S. M. 考克斯特（H. S. M. Coxeter）纠正。从那时起，弗朗西斯·格思里作为四色问题的真正提出者，才得到人们的认可。

我们将在第 4 章继续回顾四色问题的这段历史。现在，让我们先回到 18 世纪，探索一下那时的多面体世界。

第 3 章

欧拉的著名公式

故事要从普鲁士腓特烈大帝的宫廷轶事说起。在二十五年里，瑞士数学家莱昂哈德·欧拉（Leonhard Euler）一直是腓特烈大帝宫廷的常客。他在 1741 年被腓特烈大帝聘请到柏林科学院当数学学科的带头人。

起初，一切都很顺利，欧拉甚至还常常从自己的院子里摘些草莓给腓特烈大帝。不过，自从"七年战争"（1756—1763）中俄国占领柏林后，这二人的关系便很快陷入了僵局。那时，腓特烈大帝开始对科学院的运营细节产生兴趣，因此几乎天天会看到欧拉。欧拉越来越觉得这位国王小气、粗俗；而腓特烈大帝呢，这位优雅的作曲家和演奏家则认为欧拉不谙世事——更准确地说，觉得他短浅庸俗。于是，欧拉毫不犹豫地接受了俄国叶卡捷琳娜女皇的邀请，于 1766 年回到了俄国的圣彼得堡科学院。他在去柏林之前，曾是那里的数学学科带头人。此后，他再也没有离开过圣彼得堡。

欧拉拥有神奇的心算能力。曾经有两位学生为某个复杂求和计算结果的第五十位小数争执不下，欧拉轻而易举地用心算算出了正确答案。法国物理学家弗朗索瓦·阿拉戈（François Arago）对此的评论是："他悄无声息地计算着，如同人生来就会呼吸，老鹰天生就会翱翔。"

莱昂哈德·欧拉（1707—1783）

在随后的日子里，尽管欧拉的视力越来越糟糕，但他仍不断取得丰富的数学成果。他是有史以来最高产的数学家，出版或发表了数以百计的著作和论文，总计有数万页之多，他的全集出版工作至今尚未完成。欧拉的作品涉猎范围非常广，如素数的纯粹性、音乐中的和声、三角形的几何性质，以及微积分、机械学，乃至光学、天文学、声学、对船舶航行的研究等实用领域。就像应用数学家皮埃尔－西蒙·拉普拉斯（Pierre-Simon Laplace）后来热情洋溢地对他的学生所说的：

　　研读欧拉吧，研读欧拉吧。他是我们所有人的导师。

欧拉的一封信

1750 年 11 月 14 日，当欧拉还在柏林时，他给克里斯蒂安·哥德巴赫（Christian Goldbach）写了一封信。哥德巴赫是他在圣彼得堡时的同事，同时也是一位传奇的数学发烧友。就像一个世纪后的德·摩根和哈密顿那样，这两位先生也保持通信很多年，分享彼此最新的数学研究进展。如今，哥德巴赫主要因他提出的那个至今尚未被攻克的猜想而被人提及，该猜想指出：

每个大于 2 的偶数，都可以由两个素数之和表示。

比如：

$$10=5+5，20=13+7，30=19+11，40=23+17$$

欧拉的信是关于多面体（一种由平面围成的立体图形）的，比如，立方体是由六个正方形围成的，正方棱锥是由一个正方形和四个三角形围成的。

人们研究多面体的历史十分悠久，至晚可以追溯到古埃及金字塔的建造，那大约是公元前三千年的事情了。古希腊人则钟情于正多面体，就像立方体那样，所有的面都是相同的正多边形（例如正

方形），且每个角都由那些多边形以相同的排列组成。正多面体如今
也常常被称为柏拉图立体，因为柏拉图（Plato）在他的《蒂迈欧篇》
（创作于约公元前 400 年）中讨论过它们。欧几里得（Euclid）在
《几何原本》（创作于约公元前 300 年，是流传最广的数学著作）中，
向人们展示了如何构造它们，并证明了只存在以下五种正多面体。

- 正四面体，由四个正三角形围成；
- 立方体，也叫正六面体，由六个正方形围成；
- 正八面体，由八个正三角形围成；
- 正十二面体，由十二个正五边形围成；
- 正二十面体，由二十个正三角形围成。

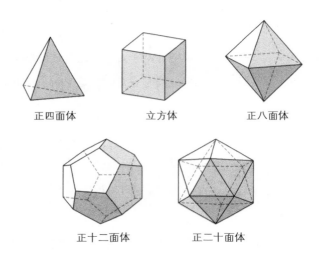

正四面体　　　　立方体　　　　正八面体

正十二面体　　　　正二十面体

古希腊人将这些正多面体和古老的四元素联系在一起：正四面体
代表火，立方体代表土，正八面体代表气，正二十面体代表水，正

十二面体则代表宇宙。

接下来，我们定义那些每个角由正多边形以相同的排列组成，但每个面不必完全相同的多面体为半正多面体，也称阿基米德多面体。有两类多面体可以构造出无穷多种半正多面体，即这样一种棱柱和反棱柱，它们以一对正多边形做顶面和底面，侧面由一圈正方形或正三角形围成。

棱柱　　　　　　　　　反棱柱

除此之外，还有十三种半正多面体，它们有的名字很有意思，比如，扭棱立方体和大削棱截角十二面体。下图所示的是立方八面体（由正方形和三角形组成）、截角八面体（由正方形和六边形组成）、截角二十面体（由五边形和六边形组成）以及大削棱截角立方体（由正方形、六边形和八边形组成）。

 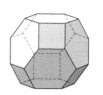

立方八面体　　　　　　截角八面体

截角二十面体　　　　大削棱截角立方体

　　这些多面体不仅是数学上的珍品，在自然界中也广泛存在：自然界中的黄铁矿晶体就呈立方体、八面体或十二面体等，而方铅矿晶体则呈立方体、八面体等。有一种由碳原子构成的名为富勒烯（也叫巴克球）的化学分子，就是以五边形和六边形组成的多面体。富勒烯和巴克球这两个名字缘于它的构造者巴克敏斯特·富勒（Buckminster Fuller），他设计的网格球顶建筑结构便是基于这种多面体的。最著名的巴克球的分子式是 C_{60}，它由 60 个碳原子以截角二十面体的结构构成，有点儿像足球上的五边形和六边形的排列。

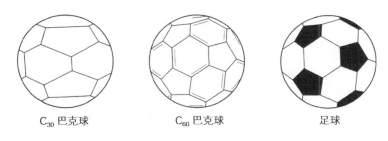

C_{30} 巴克球　　　　　C_{60} 巴克球　　　　　足球

　　尽管古希腊和其他地方的学者都研究过如何构造多面体，但在欧拉之前，人们似乎对多面体上的面、棱和顶点（角）的数量并不感兴趣。是欧拉率先引入了棱的概念（当时，他称其为 acies）。

　　欧拉给哥德巴赫的信由奇特的拉丁语加德语混搭而成，这是他常用的语言。他写道：

　　　　最近，我正在研究用平面围成的立体图形的一般性质，毫无疑问，从中应该可以找到通用的定理……

　　欧拉定义 H 为面的数量，S 为顶点的数量，A 为棱的数量，并做了一系列的假设。它们产生了大量的命题，但其中的第六条难住了他。

　　但下面的这个命题，我还没有给出一个令人满意的证明：

　　6. 对每个用平面围成的立体图形而言，面的数量加上顶点的数量，正好比棱的数量多 2，即 $H+S=A+2$……

欧拉致哥德巴赫的信的一部分

　　欧拉强调："就我所知，之前还没有人发现过这条通用的立体几何性质。"如今，我们称这个公式为多面体欧拉公式，简称欧拉公式。

多面体欧拉公式

　　对任意多面体而言，它的

　　　　面的数量 + 顶点的数量 = 棱的数量 +2

　　或者等价地说，

　　　　面的数量 − 棱的数量 + 顶点的数量 =2

在这里，我们用 F 表示面的数量，V 表示顶点的数量，E 表示棱的数量。于是，多面体欧拉公式可以记为 $F+V=E+2$，或 $F-E+V=2$。我们重新研究一下那五种正多面体，以便更好地理解这个公式。

对立方体而言，它有六个正方形的面、十二条棱和八个顶点，因此 $F=6$，$E=12$，$V=8$，代入欧拉公式后得到

$$F-E+V=6-12+8=2$$

符合公式。

同理，对正四面体而言：

$$F=4，E=6，V=4，得到 F-E+V=4-6+4=2$$

正八面体：

$$F=8，E=12，V=6，得到 F-E+V=8-12+6=2$$

正十二面体：

$$F=12，E=30，V=20，得到 F-E+V=12-30+20=2$$

正二十面体：

$$F=20，E=30，V=12，得到 F-E+V=20-30+12=2$$

欧拉公式对于非正多面体同样有效，如立方八面体：

$$F=14（8个三角形和6个正方形），E=24，V=12，$$
$$得到 F-E+V=14-24+12=2$$

截角八面体：

$$F=14（6 个正方形和 8 个六边形），E=36，V=24，$$
$$得到 F-E+V=14-36+24=2$$

截角二十面体：

$$F=32（12 个五边形和 20 个六边形），E=90，V=60，$$
$$得到 F-E+V=32-90+60=2$$

大削棱截角立方体：

$$F=26（12 个正方形、8 个六边形和 6 个八边形），$$
$$E=72，V=48，得到 F-E+V=26-72+48=2$$

欧拉公式有时候会被错误地归功于法国哲学家、数学家勒内·笛卡儿（René Descartes）。大约在 1639 年，笛卡儿开始对多面体所有面上的角的总数产生了兴趣：如果面数为 F，立体角（顶点）的数量为 V，那么角的总数等于 $2F+2V-4$。比如，立方体有 6 个正方形面，每个面有 4 个角，总共有 24 个角，于是有

$$2F+2V-4=2×6+2×8-4=24$$

笛卡儿还发现，在每个面上，角与边（棱）的数量相同，由于每条棱是由两个面相交而成的，因此角的总数等于 $2E$。将这个结果代入公式，我们可以得到 $2F+2V-4=2E$，它与欧拉公式相仿。不过，由于笛卡儿并不懂适于处理这类问题的概念，因此他本人没有推导出这一步。于是，欧拉享有了第一个提出多面体公式的荣

誉。如今，人们主要通过戈特弗里德·威廉·莱布尼茨（Gottfried Wilhelm Leibniz）17 世纪 70 年代留下的手抄本，才得以了解笛卡儿在多面体方面的工作，但这份手抄本直到 1859 年才被公之于众，那时，欧拉在该领域的工作早已得到了广泛认可。

尽管最初欧拉并不能"给出一个令人满意的证明"，但最终他还是利用"切割法"完成了证明。利用这种证明方式，他不断从多面体上削去四面体，而每个削去四面体的步骤都没有改变 $F-E+V$。通过这种方法，他最终得到一个四面体，正如我们前面看到的，它符合 $F-E+V=2$。由于 $F-E+V$ 的值在处理过程的每个阶段都是相同的，因此对欧拉最初假设的多面体而言，其结果也等于 2。1751 年 9月 9 日，欧拉在圣彼得堡科学院发表了他的证明。随后，他又在科学院期刊上发表了两篇关于多面体的重要论文。它们写于 1752 年，但直到 1756 年才面世。

非常不幸的是，欧拉的切割证明法并不总是有效，因此他的证明是有缺陷的。事实上，直到 1794 年，这个结论才由法国数学家、天文学家、著名教科书编著者阿德里安－马里·勒让德（Adrien－Marie Legendre）给出第一个基于概念的证明。在《几何学原理》中，他利用角和面的概念完成了证明，这与笛卡儿的方法更接近。

从多面体到地图

多面体公式和地图又有什么关系呢？我们可以基于一个点将多面体投影到平面（比如桌面）上，来发现它们之间的联系。我们先将多面体"吹"成一个球，然后像第 1 章中所描述的那样，将球体投影到平面上。下面是投影立方体的过程示意图。

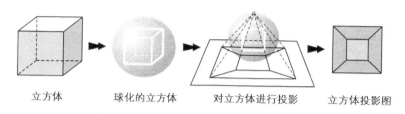

立方体　　　球化的立方体　　对立方体进行投影　　立方体投影图

同样，我们可以用这个方法得到任意多面体的平面版本。下面是十二面体的立体和平面投影示意图。

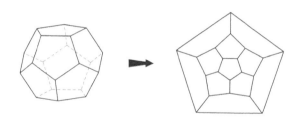

1813 年，奥古斯丁－路易·柯西（Augustin-Louis Cauchy）开始研究多面体。柯西是 19 世纪上半叶法国一流的数学家，他率先严格地定义了微积分，也是群论这一代数重要领域的先驱。以他的姓氏命名的结论和概念，可能比任何其他数学家都多。

柯西通过前面提到的方法，将多面体投影到平面上，从而证明了欧拉公式。只要将外部区域稍作处理，该公式在平面上也是有效的。柯西采用了将外部区域忽略的方式（该区域是在多面体平面化的过程中产生的），使图形的区域比之前减少了一块。因此，他将欧拉公式改成了 $F - E + V = 1$。比如，经过平面化的立方体有 5 块内部区域、12 条边（平面化后的棱）和 8 个顶点，因此 $F-E+V=5-12+8=1$。不过，如果像往常处理多面体投影那样，算上外部区域，那么 F 和之前一样等于 6，即 $F-E+V=6-12+8=2$。

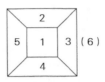

这就是多面体公式和地图之间的联系。我们可以认为这种平面图和地图类似——面相当于国家，边相当于边界线，顶点相当于交点。

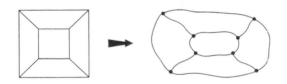

于是，多面体欧拉公式有了如下的形式。

地图上的欧拉公式

如果算上外部区域，那么

国家的数量 − 边界线的数量 + 交点的数量 =2

为什么这个欧拉公式也成立呢？有一种解释方法和欧拉的切割法类似。先在平面上画一幅多面体投影图（或地图），然后在保证图形仍是一整块的前提下，每次删去一条边，同时观察 $F-E+V$ 的变化情况。

如何选择可以删除的边呢？这里有两种情况。

1. 被删掉的边原来可将图形分为两个面

删掉这样的一条边会使边的数量减少 1，顶点的数量保持不变，面的数量也减少 1（两个面合并成了一个）。因此，E 和 F 都减 1，V 保持不变，$F-E+V$ 的结果与之前一样。

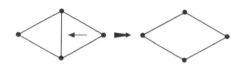

2. 被删掉的边是一条"悬垂线"

删掉这样的一条边（以及它相关的"悬垂顶点"）会将边和顶点的数量都减少 1，而面的数量保持不变。因此，E 和 V 都减 1，而 F 保持不变，$F-E+V$ 的结果同样不变。

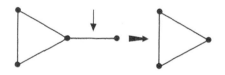

下面是在四面体上使用切割法的示意图。请注意观察，在整个过程中，$F-E+V$ 的结果是怎样保持不变的（本例考虑了外部区域）。

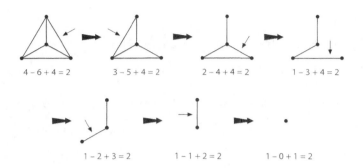

$4-6+4=2$ $3-5+4=2$ $2-4+4=2$ $1-3+4=2$

$1-2+3=2$ $1-1+2=2$ $1-0+1=2$

不管以哪种多面体或地图入手进行切割，它最后都会变成单一的顶点，使得 $F-E+V=2$。在整个过程中，这个公式都没有变化，因此可以推导出原先的多面体符合 $F-E+V=2$。于是，欧拉公式得到了证明。

就在柯西发表论文期间，瑞士数学家西蒙 - 安托万 - 让·吕利耶（Simon-Antoine-Jean Lhuilier）指出，欧拉公式无法处理某些特殊情况。吕利耶列举了三种奇特的多面体，在这里我们讨论其中的一种。假设有一种中间有一个或多个孔的多面体，它的 $F-E+V$ 就不等于 2。譬如，吕利耶假设一种中间有一个孔的立方体，再为它加上辅助棱，使其形成一个多面体。生成的"多面体"有 16 个面、32 条棱、16 个顶点，如下图所示，代入欧拉公式得到 $F-E+V=16-32+16=0$。

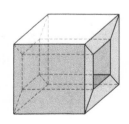

可以证明，对于有一个孔的多面体，符合公式 $F-E+V=0$。更一般地，吕利耶证明了在多面体上每多钻一个孔，欧拉公式的右侧就会减少 2。因此，有两个孔的多面体符合公式 $F-E+V=-2$，推而广之，有 k 个孔的多面体，符合公式 $F-E+V=2-2k$。

在本章的余下部分，我们将讨论欧拉公式的两个实际应用。如果你只对四色问题的发展历史感兴趣，可以跳过其中的数学细节，关注那些结论即可。

最多只有五个邻国

本章中的多面体都至少包括一个三角形、四边形或五边形，这对所有多面体都是成立的。对应到平面或球面上的地图，它可以表述为：

"最多只有五个邻国"定理

在平面或球面上的地图上，至少存在一个国家只有五个或五个以下的邻国。

这个结论非常重要，事实上，它是所有四色定理证明的关键。在排除了一边国的情况下，该定理告诉我们，每幅地图上至少有一个国家是二边国（二边形）、三边国（三边形）、四边国（四边形）或五边国（五边形）中的一种。

二边形　　　　三边形　　　　四边形　　　　五边形

为了证明"最多只有五个邻国"定理，只需假设地图上有 F 个国家、E 条边界线、V 个交点，再使用欧拉公式。根据第 1 章中讨论的地图要求，假设地图上的每个交点至少有 3 条边界线相交。

接下来，计算一下每个交点是由几条边界线相交而成的。可以发现，因为每个交点至少要有 3 条边界线相交，所以总共至少有 $3V$ 条边界线。但是每条边界线的两端都有一个交点，因此它们被计算了两遍，总数需要除以 2。所以边界线的总数 E 至少是 $\frac{3}{2}V$，用符号表示为 $E \geqslant \frac{3}{2}V$，整理后可得 $V \leqslant \frac{2}{3}E$。

然后，用反证法来证明在地图上至少有一个国家有小于等于 5 个邻国，即假设在地图上不存在这样的国家，然后从这个假设推导出矛盾，形成反证。根据假设，地图上的每个国家都至少被 6 个邻国包围，而每个国家至少由 6 条边界线围成，所以，所有国家加起来至少有 $6F$ 条边界线。同样，因为每条边界线是由两个国家共享的，它们也被统计了两遍，所以总数也要除以 2。因此，E 的数量至少是 $\frac{6}{2}F$ ($3F$)，用符号表示为 $E \geqslant 3F$，即 $F \leqslant \frac{1}{3}E$。

接下来，我们把不等式 $F \leqslant \frac{1}{3}E$ 和 $V \leqslant \frac{2}{3}E$ 代入欧拉公式，得到

$$F-E+V \leqslant \frac{1}{3}E-E+\frac{2}{3}E=0$$

但是根据欧拉公式，$F-E+V$ 等于 2，于是得到 $2 \leqslant 0$。这个不等式不成立。由于我们假设每个国家都至少有 6 个邻国，并由此得到矛盾，因此原假设错误。所以，至少有一个国家的邻国数量小于等于

5——这便是我们最初打算证明的命题。

计数公式

欧拉公式的第二个应用，是多面体中一个有趣的推论，它被称为计数公式，我们在第 8 章会用到它。为了将问题简化（因为只有这类情况才是我们感兴趣的），接下来讨论的内容仅限于三次地图，这种地图上的每个交点都由三条边界线相交而成。

假设地图上有 C_2 个二边国（二边形）、C_3 个三边国（三边形）、C_4 个四边国（四边形），以此类推。所有这些数的和为国家总数 F（包括外部区域）。

$$F = C_2 + C_3 + C_4 + C_5 + C_6 + C_7 + \cdots$$

然后，根据下面的数，统计地图上边界线的总数。

因为每个二边形有两条边界线，C_2 个二边形一共有 $2C_2$ 条边界线；

因为每个三边形有三条边界线，C_3 个三边形一共有 $3C_3$ 条边界线；

因为每个四边形有四条边界线，C_4 个四边形一共有 $4C_4$ 条边界线；

以此类推。

将这些数相加，可以得到边界线总数 E。因为每条边界线是两个国家共有的，所以，得到的总数其实是所有边界线的两倍，也就

是 $2E$，即

$$2E = 2C_2 + 3C_3 + 4C_4 + 5C_5 + 6C_6 + 7C_7 + \cdots \qquad (1)$$

两边除以 2 后得到

$$E = C_2 + \frac{3}{2}C_3 + 2C_4 + \frac{5}{2}C_5 + 3C_6 + \frac{7}{2}C_7 + \cdots$$

类似地，可以算出地图上交点的总数。因为只讨论三次地图，每个交点 V 都是三条边界线相交而成的，因此边界线的总数是 $3V$。又因为每条边界线都有两个端点，所以每条边界线都统计了两遍。最后，得到 $3V = 2E$，代入式 (1)，得到

$$3V = 2C_2 + 3C_3 + 4C_4 + 5C_5 + 6C_6 + 7C_7 + \cdots$$

两边除以 3 后，等式变为

$$V = \frac{2}{3}C_2 + C_3 + \frac{4}{3}C_4 + \frac{5}{3}C_5 + 2C_6 + \frac{7}{3}C_7 + \cdots$$

至此，我们得到了用 C_2、C_3、C_4……表示的 F、E 和 V。将它们代入欧拉公式后，会是什么样子呢？

$$\begin{aligned}
2 &= F - E + V \\
&= (C_2 + C_3 + C_4 + C_5 + C_6 + C_7 + \cdots) \\
&\quad - (C_2 + \frac{3}{2}C_3 + 2C_4 + \frac{5}{2}C_5 + 3C_6 + \frac{7}{2}C_7 + \cdots) \\
&\quad + (\frac{2}{3}C_2 + C_3 + \frac{4}{3}C_4 + \frac{5}{3}C_5 + 2C_6 + \frac{7}{3}C_7 + \cdots)
\end{aligned}$$

整理后得到

$$2=C_2(1-1+\frac{2}{3})+C_3(1-\frac{3}{2}+1)+C_4(1-2+\frac{4}{3})+C_5(1-\frac{5}{2}+\frac{5}{3})$$
$$+C_6(1-3+2)+C_7(1-\frac{7}{2}+\frac{7}{3})+\cdots$$
$$=\frac{2}{3}C_2+\frac{1}{2}C_3+\frac{1}{3}C_4+\frac{1}{6}C_5+0C_6-\frac{1}{6}C_7-\cdots$$

最后，两边乘以 6，消去分母后得到三次地图的计数公式。

三次地图的计数公式

$$4C_2+3C_3+2C_4+C_5-C_7-2C_8-3C_9-\cdots=12$$

可以发现，C 前面的系数顺次减 1，C_6（六边国的数量）因为系数为 0，因此没有出现在公式中。

作为计数公式的一个简单示例，考虑下面的三次地图：

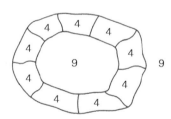

该图有 9 个四边国和 2 个九边国（算上外部的），因此 $C_4=9$，$C_9=2$，其他所有项的系数为 0。计数公式可简化为

$$2C_4-3C_9=2\times9-3\times2=12$$

结果与公式一致。

请注意，对计数公式而言，C_2、C_3、C_4 和 C_5 不可能同时为 0，否

则，左式中的前 4 项为零，这会使得左式成为一个负数。但右式等于 12，是一个正数，得到矛盾。所以，C_2、C_3、C_4 和 C_5 中至少有一个是正数，也就是在地图上至少存在一个二边形、三边形、四边形或五边形。对于三次地图而言，它为"最多只有五个邻国"定理提供了另外一种证明方式，即每幅地图至少存在一个国家有 5 个或 5 个以下的邻国。

同样地，如果地图中不存在二边形、三边形与四边形，计数公式可以简化为

$$C_5 - C_7 - 2C_8 - 3C_9 - 4C_{10} - \cdots = 12$$

因为左式中的正数部分只有 C_5，所以它至少是 12。于是便有：

> 对于不包含二边形、三边形和四边形的地图，至少有 12 个五边形。

在第 8 章中，我们将会用到这个结论。

最后，对三次地图的计数公式而言，在多面体上还有三个推论。这些推论在所有三次多面体（即每个顶点都是由三个面相交得到的多面体）上都适用。

> 如果三次多面体只包含五边形和六边形，那么它的五边形正好是 12 个。

这是因为非零项只有 C_5 和 C_6，所以计数公式简化为 $C_5 = 12$。这种多面体的一个例子便是截角二十面体。也就是说，所有的巴克球和足球都有 12 个五边形。

　　如果三次多面体只有四边形和六边形，那么它的四边形正好是 6 个。

　　这是因为非零项只有 C_4 和 C_6，所以公式简化为 $2C_4 = 12$，即 $C_4 = 6$。这种多面体的例子是截角八面体。

　　如果三次多面体只有四边形、六边形和八边形，那么四边形的数量会比八边形多 6 个。

　　这是因为非零项只有 C_4、C_6 和 C_8，所以公式简化为 $2C_4 - 2C_8 = 12$，即 $C_4 - C_8 = 6$。这种多面体的例子是大削棱截角立方体。

第 4 章

四色问题复活了……

　　1871年，德·摩根逝世，此后，地图着色问题也沉寂了下来。尽管皮尔斯在美国仍然继续钻研着这个问题，但它渐渐地淡出了德·摩根的英国同行的视线。然而，它并没有被人们彻底遗忘——剑桥大学的阿瑟·凯莱（Arthur Cayley）仍在苦苦思索着这个问题。

　　阿瑟·凯莱是剑桥大学三一学院的优秀学生，也是发明家和飞行先驱乔治·凯莱爵士（Sir George Cayley）的堂弟。1842年，他以高级数学甲等生（年度最佳）的成绩毕业，并于同年十月被选为三一学院的研究员，他是19世纪获得此职位的人里最年轻的。不过，那时的学校规定所有研究员必须在取得硕士学位的七年内成为神职人员。凯莱不愿意如此，便离开剑桥大学，去林肯法学院学习法律。

　　1849年，凯莱取得了律师资格。在随后的十四年中，他在法律界顺风顺水。其间，他继续研究数学，并发表了至少三百篇论文，其中有大量优秀的原创性工作。事实上，他在1858年发表的关于矩阵代数的第一篇重要论文，使他成为该领域的开创者之一。他在19世纪50年代早期所做的代数学研究，许多是和怪才詹姆斯·约瑟夫·西尔维斯特（James Joseph Sylvester）共同完成的。西尔维斯特在英国并没有取得数学教职，我们将在下一章中提到他。

阿瑟·凯莱（1821—1895）

1863 年，凯莱成为剑桥大学新设立的萨德勒纯粹数学讲席教授，该教职没有宗教方面的硬性规定。后来，他又成了三一学院的荣誉研究员。

凯莱的疑问

1878 年 6 月 13 日，阿瑟·凯莱参加了伦敦数学学会（LMS）的一次会议。这个颇具权威性的数学机构于 1865 年在伦敦大学学院成立，奥古斯塔斯·德·摩根担任了第一任主席，紧随其后的两任主席分别是西尔维斯特和凯莱。到 1878 年时，该学会的成员已由最初的 27 人扩展到了约 150 人。

这次会议的主席是牛津大学前校长亨利·史密斯（Henry Smith）教授，会议安排了许多议题，包括"柔性空间""求代数方程的微分预解式"等内容。根据学会的会刊记录，凯莱在会上提出了一个问题。

> 英国皇家学会会士凯莱教授的问题：在为一幅地图着色时，能否只用四种颜色就把地图上的郡县区分开，使得没有两个相邻的郡县使用相同的颜色？

凯莱的这个问题在 7 月 11 日《自然》杂志刊登的关于此次会议的报告中再次被提及。

德·摩根在《雅典娜神庙》上那篇关于休厄尔的《发现的哲学》的书评（见第 2 章）于 1976 年被发现之前的那一百多年里，那些报告被认为是最早发表的关于四色问题的资料。1978 年 6 月 13 日，也就是那次伦敦数学学会会议的一百年后，我参加了由英国广播公司（BBC）早间广播节目《今日》主办的凯莱提出四色问题一百周年纪念活动。当时，数以百万计的听众应该通过早餐广播时间对这个问题有了一定的了解。早先有人提议用电视纪录片的形式进行纪念活动，但被英国广播公司《地平线》的制片人以四色问题"与社会关系不大"为由叫停了，而该栏目在接下来的一周内播放的纪录片是关于南美短吻鳄的性生活的！

凯莱真的对四色问题非常感兴趣，并且听从了他的老朋友、地理学家弗朗西斯·高尔顿（见第 2 章）的建议，在新发行的《皇家地理学会学报》上发表了一篇关于四色问题的解释性笔记。彼时，在收到凯莱的投稿后，高尔顿联系编辑推荐了这篇文章，并且写道：

> 我写信给剑桥大学的凯莱教授，请他为《学报》写一篇短文，尽可能清楚地解释一个有意思的问题——只需四种颜色就可以把地图上所有的邻接区域区分开。这个问题是高水平数学家近来热衷的话题。
>
> 这个问题与凯莱教授的工作密切相关。虽然乍一看它很简单，而且毫无疑问应该是正确的，但最高级的分析方法居然对付不了它。
>
> 我将凯莱教授的答复一并寄给您。这篇文章比我预想的要长，专业性也很强，但是它把问题解释得非常清楚，因此我认为，我们学会的部分成员会对它感兴趣。这可能是英国乃至世界最顶尖的数学家写的关于地理学的论文。

凯莱于 1879 年 4 月在《学报》上发表了他的笔记，他写道：

> 我没有找到一种通用的方法，但有必要说明一下这个问题的难点究竟在哪里。

凯莱指出，这个结论是"由已故的德·摩根教授在某处提出的，他称其为地图制图员所周知的定理"。现在我们知道，"某处"其实是指发表在 1860 年《雅典娜神庙》上的书评。随后，凯莱阐述了四色问题，并给出了一个常见的四国例子，用以说明四种颜色可能就够了。接着，他又写道：

> 对于任意已经可以用四种颜色着色的 n 块区域而言，
> 在对新加的第 $n+1$ 块区域着色时，如果不调整原先的着色
> 方案，那么，尝试用原来的四种颜色对新加区域完成着色
> 是绝不可能的。

他随后举例道，如果原先在边界上用了所有四种颜色，而新加
的区域将其包围，那么对这个新加区域而言，是没有合适的颜色可
用的，因此必须调整原来的着色方案。

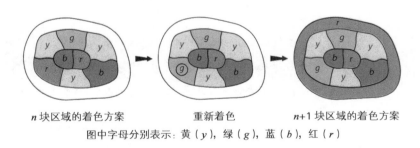

图中字母分别表示：黄（y），绿（g），蓝（b），红（r）

凯莱由此得到了一个很有用的结论：在试着证明四种颜色就够
了的时候，可以在地图上增加更多的限制条件。尤其可以将讨论限
于三次地图，即在每个交点上正好只有三个国家的地图。为了理解
为什么能这样，可以假设在地图上的某些交点连接着多于三个国家。
在这些交点上打一个小小的圆形"补丁"后，便可以生成一幅在每
个交点上都恰好只有三个国家的新地图。如果能用四种颜色对这幅
新地图进行着色，那么根据假设，我们只要将"补丁"缩小成点，

就可以很方便地对原始地图着色。

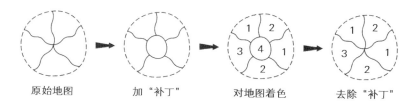

| 原始地图 | 加"补丁" | 对地图着色 | 去除"补丁" |

　　类似地，我们还可以给地图再增加更多限制条件。比如说，根据凯莱的观察，如果所有地图都可以用四种颜色着色，那么用相同的方法，地图最外面的一圈边界国家只需要三种颜色。这是因为我们永远可以用一个新的环形国家将整幅地图包围。如果用四种颜色对这样一幅新地图着色，那么可以立刻推导出：原始地图最外面的一圈边界国家只需要三种颜色。

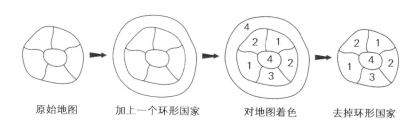

| 原始地图 | 加上一个环形国家 | 对地图着色 | 去掉环形国家 |

推倒多米诺骨牌

　　凯莱提到的在一幅已经完成着色的 n 国地图上试着对新增的第 $n+1$ 国着色的方法，成为处理四色问题的一种方法。这是数学家所熟知的数学归纳法，该方法的历史至晚可以追溯到 14 世纪的法国数学家莱维·本·热尔松（Levi ben Gerson），他是十字测天仪的发明人，还利用数学归纳法证明了许多排列组合方面的定理。

在四色问题中，数学归纳法的形式如下。

假设对于任意 n，我们可以证明：

> 如果所有包含 n 个国家的地图能用四种颜色着色，那么所有包含 $n+1$ 个国家的地图也可以。

显然，所有不多于四个国家的地图可以用四种颜色着色，因此：

> 假设 $n=4$，可以推导出，对于所有包含五个国家的地图而言，都能用四种颜色完成着色；
>
> 假设 $n=5$，可以推导出，对于所有包含六个国家的地图而言，都能用四种颜色完成着色；
>
> 假设 $n=6$，可以推导出，对于所有包含七个国家的地图而言，都能用四种颜色完成着色；
>
> 以此类推。

用这种方法，可以推导出，所有地图都能用四种颜色完成着色。

我们可以把数学归纳法的证明过程想象为推倒同一直线上的多米诺骨牌。在将第一块骨牌推倒后，它会接着把后面的骨牌也撞倒。根据假设，每块骨牌都能把紧邻它的骨牌撞倒，即第 n 块骨牌撞倒第 $n+1$ 块，因此，所有的骨牌最后都会倒下。

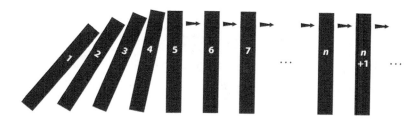

不过，如何将包含 n 个国家的地图着色问题推广到 $n+1$ 个国家呢？在某些情况下，这非常简单。比如下面的地图并不需要重新安排颜色就可以直接推广，用红色就能给新国家着色。

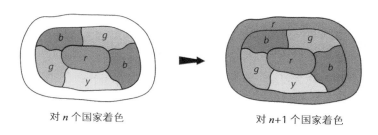

对 n 个国家着色　　　　　　　　　　对 $n+1$ 个国家着色

但有时候并不能直接推广，例如下面的地图，最外面的边界国家使用了四种颜色。但是，只要将地图左边红色国家和绿色国家的颜色互换，那么就能用红色来为新国家着色了。

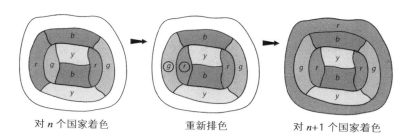

对 n 个国家着色　　　　　　重新排色　　　　　　对 $n+1$ 个国家着色

在这些例子中，将给定的颜色推广到新国家上并不太麻烦，但是，一旦地图变得更复杂，可能就需要经过大量的重新排色，才能做到为新国家着色。你不妨试着为下面地图上还没着色的国家选取合适的颜色。（在第 7 章中，我们还会用到这个例子。）

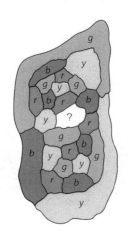

显然，很难找到一种通用的推广方法。这是四色问题最大的难点。

最小反例

还有一种用来解决四色问题的方法。假设四色问题不成立，那就存在某些不能用四种颜色着色的地图。在这些需要五种或更多颜色的地图中，必定存在一类国家数量最少的地图。我们称这类地图为最小反例，也叫最小违规。说这类地图"违规"，是因为它们不能只用四种颜色着色；而"最小"则是因为在这种情况下，这类地图的国家数量最少。概括地说：

> 一幅最小反例的地图不能只用四种颜色着色，但任何
> 国家数小于它的地图都能只用四种颜色着色。

　　要证明四种颜色就够了，就必须证明不可能存在最小反例的情况，我们可以通过增加更多的限制条件来尝试找到这类地图。但更准确地说，其实是让它们被限制得根本不可能存在。

　　举个例子，很容易证明最小反例不可能包含二边国（二边形）。如下图所示，假设某个最小反例包含了二边国，那么，去掉二边国的一条边界线，它就会和它的一个邻国合并，从而获得一幅国家数量更少的新地图。根据最小反例的假设，可以用四种颜色对这幅新地图完成着色。

　　接下来，将之前去除的边界线添回来。因为之前用四种颜色可行，而且二边国的邻国一共只需要两种颜色，所以对二边国而言还有两种颜色可用。因此，这个最小反例是可以只用四种颜色的，这与假设矛盾。由此可知，最小反例不可能包含二边国。

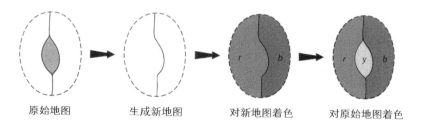

原始地图　　　　生成新地图　　　　对新地图着色　　　对原始地图着色

　　类似地，还可以证明最小反例不可能包含三边国（三边形）。同

样，假设存在这样的最小反例，如下图所示。接下来去掉三边国的一条边界线，将三边国与它的一个邻国合并，和之前一样，得到一幅国家数量更少的新地图。对这幅新地图而言，四种颜色就够了。

接下来将三边国复原。由于三边国的邻国只用了三种颜色，可以把这个三边国涂成第四种颜色。因此，这类最小反例也是可以只用四种颜色的，得到矛盾。所以，最小反例不可能包含三边国。

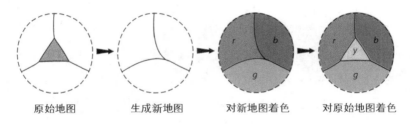

原始地图　　　　　生成新地图　　　　　对新地图着色　　　　　对原始地图着色

用这种思路，对包含四边国（四边形）的最小反例是不是也有效呢？和之前一样，去掉四边国的一条边界线，将其和一个邻国合并，得到一幅国家数量更少的新地图，而这是一幅可以只用四种颜色的地图。

但是，当我们将四边国复原后，它的邻国已经用尽了四种颜色，因此没有多余的颜色留给四边国，之前的证明方法无法继续使用。

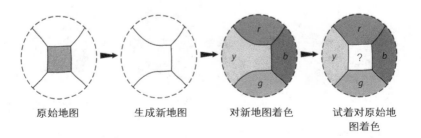

原始地图　　　　　生成新地图　　　　　对新地图着色　　　　　试着对原始地
图着色

包含五边国（五边形）的最小反例也有类似的情况。同样，去掉五边国的一条边界线，将其和一个邻国合并，得到一幅国家数量更少的新地图。与之前所有的例子一样，新地图只需要四种颜色。

将五边国复原后，它的邻国也早就用光了四种颜色，五边国自身没有多余的颜色可用。同上，无法继续证明。

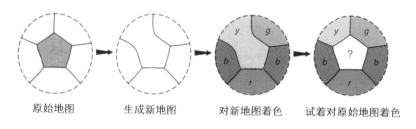

原始地图　　　　生成新地图　　　　对新地图着色　　　试着对原始地图着色

在下一章，我们将看到肯普是如何用他的"肯普链法"解决包含四边形的最小反例，以及如何用它尝试处理包含五边形的最小反例的。

六色定理

最小反例可以用来证明只需要六种颜色就能对所有地图进行着色。尽管这个定理比四色定理弱了很多，但仍然是一个了不起的结论。

六色定理

在邻接的国家使用不同颜色的前提下，最多只需六种颜色即可完成对任意地图的着色。

为了证明六色定理，我们用反证法，先假设它不成立，再证明其矛盾。根据假设，存在不能用六种颜色完成着色的地图，这些地图都需要七种或更多的颜色。在里面选取一幅国家数量最少的地图，作为最小反例。该地图无法只用六种颜色完成着色，但任何国家数量小于它的地图，都可以只用六种颜色。

接下来，运用第 3 章提到的"最多只有五个邻国"定理。该定理指出，每幅地图都必然包含一个邻国数量小于等于 5 的国家 C，如下图所示。接下来，将国家 C 的一条边界线去掉，让它与一个邻国合并，于是得到一幅国家数量更少的新地图。根据假设，六种颜色就能完成着色，不妨假定这些颜色分别是红色、蓝色、绿色、黄色、紫色（p）和白色（w）。

然后，将国家 C 复原。因为一共可以用六种颜色，而 C 的邻国只用了五种，于是还有一种颜色可供 C 使用。因此，可以用六种颜色对整幅地图完成着色，这与原假设矛盾。这个矛盾证明了不存在最小反例，所以六色定理成立。

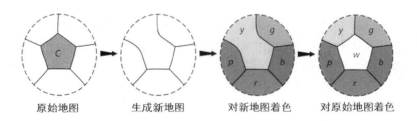

原始地图　　　　生成新地图　　　　对新地图着色　　　　对原始地图着色

第 5 章

……然后，肯普证明了它

现在，让我们来见识一个数学史上著名的错误证明。这是身为伦敦大律师的数学爱好者艾尔弗雷德·布雷·肯普（Alfred Bray Kempe）给出的证明，他声称解决了四色问题。很可惜，如今人们往往将肯普与这一有瑕疵的证明联系在一起，但他本人其实是一位得到同行高度评价的优秀数学家。肯普自己解释说，虽然他犯了一个在十一年后才被大家发现的小小错误，但他"解决问题的方法"蕴含了许多原创性的思路，这些思路对日后解决四色问题发挥了至关重要的作用。肯普的这篇论文发表在《美国数学杂志》上，就让我们从这份杂志开始继续讲故事吧。

艾尔弗雷德·布雷·肯普（1849—1922）

西尔维斯特的新杂志

詹姆斯·约瑟夫·西尔维斯特和他的数学家朋友阿瑟·凯莱在19世纪50年代早期的合作收获颇丰，但西尔维斯特在寻求学术职位的过程中经历过许多困难。在1871年之前的牛津大学和剑桥大学，教授们被要求遵守英格兰教会的三十九条信纲，而西尔维斯特是一名犹太教徒，因此不具备在这两所学校任教的资格。事实上，尽管他在剑桥大学圣约翰学院的学位考试中取得了优异的成绩，但直到多年以后，他才被授予学位。1838年到1841年，他在无宗教限制的伦敦大学学院任自然哲学教授。在14岁时，他就曾与德·摩根一起在那里短暂地学习过一段时间。1855年，在伦敦公平和法律人寿保险公司当了十一年精算师后，他才在伍利奇皇家军事学院谋到一个教职。1870年，新成立的战争部要求所有军事学院的教师在年满55岁后领取半薪退休，因此，西尔维斯特不得不离开伍利奇并开始他晚年的退休生活——至少当时他是这样认为的。

詹姆斯·约瑟夫·西尔维斯特（1814—1897）

在退休的最初五年里，西尔维斯特把时间花在了出版诗集、在音乐会上唱歌——据传，他的歌唱技巧师从法国作曲家夏尔·古诺（Charles Gounod）——以及数学研究上。但是，1875年末的一个偶然事件改变了他的生活。约翰斯·霍普金斯大学在美国马里兰州的巴尔的摩成立，其首任校长丹尼尔·吉尔曼（Daniel Gilman）决定引进最好的师资力量。当时，西尔维斯特可能是英语国家中最好的数学家之一，他接受了该校以价值五千美元的金币作为年薪的邀请。

西尔维斯特在约翰斯·霍普金斯大学过得非常愉快。他得以去实践那些在伍利奇不可能实现的研究计划，因为在军事学院里最重要的是常规教学。在巴尔的摩，他身边聚集着像数学家威廉·斯托里（William Story）和天文学家西蒙·纽科姆（Simon Newcomb）那样充满活力的理想主义同事，而他则为自己设定了要促进约翰斯·霍普金斯大学乃至整个美国的数学研究活动的目标。

1878 年，作为他雄心勃勃的计划的一部分，西尔维斯特创办了《美国数学杂志》，并亲自担任主编，由斯托里担任责任副主编。这份如今仍在出版的杂志最初是为了成为美国数学家之间的交流纽带而创办的，不过"它一直欢迎外国专家投稿"。实际上，西尔维斯特委托那些杰出的数学家朋友提供研究论文，那些朋友有美国的，也有海外的，杂志的最初两卷里就有凯莱及其他英国数学家的文章，当然，也不乏来自法国、德国和丹麦的论文。由于凯莱的极力推荐，西尔维斯特亲自向肯普约了一篇论文，题目被定为《地理学中的四色问题》。

肯普的论文

肯普终其一生都对数学充满热情。在成为一名成功的法律工作者之前，他曾在剑桥大学三一学院师从凯莱，并于 1872 年毕业。同年，他完成了第一篇数学论文，主题是利用机械方法求解方程。五年后，他受到波塞利耶（Peaucellier）发明的一种用于描摹直线轨迹的连接装置（见下图）的启发，发表了一篇关于连接装置的科普文章，名叫《如何画直线》。

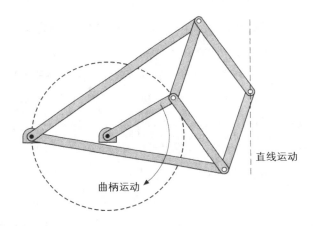

直线运动

曲柄运动

肯普在连接装置方面的研究得到了同行的赞扬，他被推荐为英国皇家学会的会士，他用于申请会士的八篇论文中的前七篇都是关于连接装置的，第八篇则与四色问题有关。后来，他做了二十多年英国皇家学会的财务人员，还因此于 1912 年被封骑士。此外，他还热衷登山运动，南极洲的肯普峰及其周边的肯普冰川就是以他的姓氏命名的。

凯莱在伦敦数学学会举办的会议（肯普当时也在场）上提出的问题以及随后他在皇家地理学会 1879 年 4 月的学报上发表的笔记，促使肯普对地图着色问题产生了兴趣。同年 6 月，肯普就给出了他的四色问题解决方法并写信给凯莱。凯莱热情洋溢地回复道：

> 在我看来，这个方法完全正确，我真是太高兴了。

肯普在当年 7 月 17 日的《自然》杂志上发表了解决方法的预印本，年底，在《美国数学杂志》第二卷上发表了完整版。1880 年 2 月 26 日，他又在《自然》和《伦敦数学学会学报》上发表了解决方法的简略版本。在这个版本中，他修订了原来论文中的一些瑕疵，但丝毫未触及方法中的致命缺陷。

在《美国数学杂志》发表的文章里，肯普和凯莱一样，先介绍了问题的由来，并评论道，德·摩根曾在"某处"说过，这个问题对于地图制图员来说是尽人皆知的。接着，在叙述完凯莱所做的贡献后，他写道：

> 该问题的难点基于这样一个事实：种种迹象表明，地图某处的细微改变有可能导致需要对整幅地图重新着色，除非发现突破口。经过艰苦卓绝的努力，正如预料的那样，我突然找到了这个突破口，并且，事实证明它很容易被攻克……接下来，应主编之约，我将试着说明我是如何做到的。

接下来，论文被分为三个主要部分，并附了一些简短的评述。在其中一个部分里，肯普推广了地图上的欧拉公式，也就是柯西在平面上给出的那个等价公式（见第 3 章）。由此，肯普指出：

> 对任意单连通表面上的地图而言，汇合点（交点）数量和区域数量之和要比边界线数量大 1（$V+F=E+1$）。

因此，他得到公式：

$$5d_1+4d_2+3d_3+2d_4+d_5-\cdots=0$$

其中，d_k（k 为正整数）指拥有 k 条边界线的区域数量。除了肯普允许一边国（一边形）之外，该公式与第 3 章中推出的计数公式很像。由于只有前五项是正数项，肯普推导出 d_1、d_2、d_3、d_4 和 d_5 不可能同时为 0。用他的话来说，"每幅在单连通表面上的地图都包含边界线少于 6 条的区域"。这个结论就是第 3 章提到过的"最多只有五个邻国"定理。

利用这个定理，肯普构造了一种对任意地图着色的方法，归纳起来有以下六步。

1. 选取一个邻国数量少于或等于 5 的国家（根据上面的定理，这样的国家必然存在）。

2. 用与这个国家形状一样但稍大一点的补丁（白纸）将它盖住。

3. 将与补丁相交的边界线延长，并让它们交于补丁内的一点，如下页上图所示，也就是将原来的国家收缩为一个点。这样，会使国家数量减少 1。

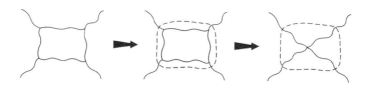

4. 对生成的新地图重复上面的步骤，直到地图上只剩一个国家：整个地图都被补完了。

5. 对这个剩下的国家用任意颜色着色。

6. 反向操作上面的步骤，倒着将补丁一一去除，直到恢复原始地图。在每个步骤里，对恢复的国家用任意可以使用的颜色着色，最终用四种颜色完成整幅地图的着色。

肯普在地图着色方面最大的贡献就体现在试图完成这最后一步中。那么问题来了：为什么恢复的那些国家必定可以从四种颜色中找到一种可用的呢？在第 4 章的最后我们提到，对最多只有三条边界线的国家而言，着色是没有任何困难的。例如，对一个三边形国家而言，邻国只需要三种颜色，它自身可以使用第四种颜色，如下图所示。套用第 4 章的概念来说，最小反例不可能包含三边形。

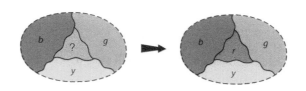

但是，如果恢复后的国家有四条甚至五条边界线，即它们是四边形或五边形怎么办呢？如下页图所示，它们都有可能被四种颜色

的国家所包围。也就是说，对四边形或五边形而言，它们并没有可以直接使用的颜色。

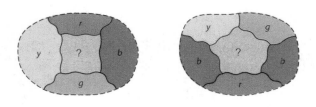

肯普链

为了解决这个难题，肯普引入了如今被称为肯普链法的方法，它也被称作肯普链论证法。该方法将重点放在把中间国家围住的那些国家的颜色上，并从中选取其中不相邻的两种颜色——不妨假设红色和绿色。然后，再关注那些使用这两种颜色的国家。让我们先来看看肯普是如何处理被四种颜色的国家包围的四边形（记为 S）的，这种情况等价于包含一个四边形的最小反例。

首先，关注四边形 S 的红色邻国和绿色邻国。它们分别作为地图上一个红－绿链的起点。红－绿链是指地图上所有连续邻接的红色和绿色国家组成的部分。（尽管它们被称为肯普链，但这两种颜色在地图上所组成的形状并非通常意义上的"链"，它们有可能包含"分支"，如下页上图所示，这些分支可以任意排列。此外，只要着色符合规定，S 是什么颜色与问题无关。）

接下来，观察两个红－绿链是相互分开还是连在一起的。这会产生两种情况。

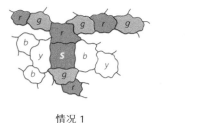

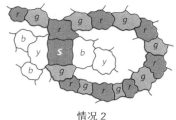

情况 1   情况 2

在这种情况下，汇集到 S 的红色邻国的那些位于 S 上方的红绿国家，不会和汇集到 S 的绿色邻国的那些位于 S 下方的红绿国家相连。因此，可以将位于 S 上方的那些红绿国家的颜色互换，如下图所示，这样并不会对位于 S 下方的红绿国家造成影响。于是，四边形 S 只和绿色、蓝色、黄色相邻，S 可以使用红色。因此，用四种颜色可以完成为地图着色。

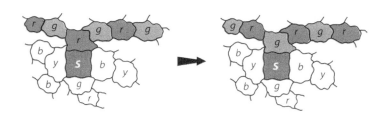

情况 2

在这种情况下，位于 S 上方的红绿国家与位于 S 下方的红绿国家连在了一起。这使情况变得稍微复杂了一些，因为互换红绿色没什么用：S 的红色邻国变成了绿色，而绿色邻国变成了红色，互换前后没什么两样。

于是，转而考察蓝黄国家，也就是地图中四边形 S 的左右部分。在这里，由于红－绿链的阻碍，S 右侧的蓝－黄链和 S 左侧的蓝－黄链是断开的。因此，可以将 S 右侧的蓝黄国家颜色互换，同样，它并不会影响 S 左侧的蓝黄国家。于是，四边形 S 只和黄色、红色、绿色相邻，S 可以使用蓝色。

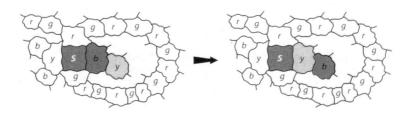

这样，当恢复的国家是四边形时，是可以完成地图着色的，这说明最小反例不可能包含四边形。

肯普接下来研究恢复的国家是五边形的情况（记为 P），它们被五个拥有四种不同颜色的国家所包围。（致命缺陷就出现在这部分证明中，详见第 7 章。）

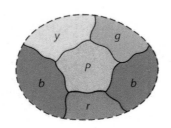

他仍旧选取环绕五边形 P 且不相邻的两种颜色。首先，他考察不相邻的黄色和红色国家，它们位于 P 的上方和下方。如果 P 上方的黄－红链不与 P 下方的黄－红链相连，那么可以将 P 上方的黄红色互换，同时不影响 P 下方的颜色。

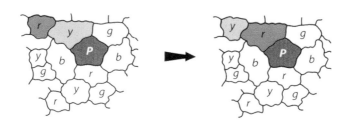

这样，五边形 P 只和红色、绿色、蓝色相邻，P 可以使用黄色，在这种情况下，地图可以完成着色。于是，便剩下了 P 上方的黄－红链与 P 下方的黄－红链相连的情况。

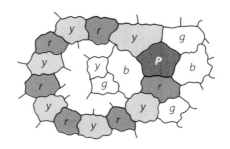

肯普接下来考察不相邻的红－绿链，它们分别在 P 的上方和下方。如果 P 上方的红－绿链不与 P 下方的红－绿链相连，那么，就可以将 P 上方的红绿色互换，同时不影响 P 下方的颜色。

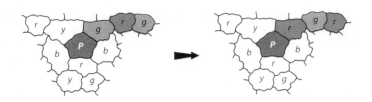

这样，五边形 P 只和红色、黄色、蓝色相邻，P 可以使用绿色，在这种情况下，同样可以完成着色。因此，还剩下 P 上方的红 – 绿链与 P 下方的红 – 绿链相连的情况。将它与之前的情况综合考虑，我们得到：

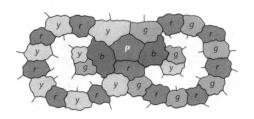

请注意，由于红 – 绿链的阻隔，P 右侧的蓝 – 黄链和 P 左侧的蓝 – 黄链是分开的。于是，可以将 P 右侧的蓝黄色互换，同时不影响 P 左侧的颜色。

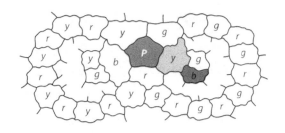

类似地，由于黄－红链的阻隔，P 左侧的蓝－绿链和 P 右侧的蓝－绿链是分开的。这样，就可以将 P 左侧的蓝绿色互换，同时不影响 P 右侧的颜色。

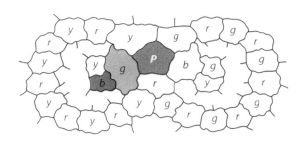

通过这两次颜色互换，五边形 P 只和黄色、红色、绿色相邻，P 可以使用蓝色。

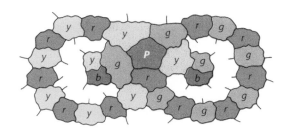

因此，当恢复的国家是五边形时，依旧可以完成地图着色，这说明最小反例不可能包含五边形。

因为所有可能的情况都已解决，四色定理证毕。

一些变体

第 7 章将讲到，肯普的证明并不正确，尽管如此，他的论文还是包含许多更进一步的讨论。其中之一就是，他构造了两种之前从未提及的例子。

> 在三次地图上，如果每块区域都有偶数个邻国，那么，
> 这种地图只需要三种颜色。

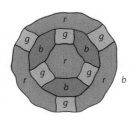

在这种情况下，每个国家都有偶数个邻国（地图上没有三边形或五边形），因此对于任意国家而言，它的邻国可以交替使用两种颜色。

> 如果所有的汇合点（交点）都是由偶数条边界相交而
> 成的，那么，两种颜色就够了。

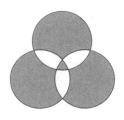

在这种情况下，每个交点都由偶数个国家环绕，这些国家可以交替使用两种颜色。肯普进一步解释道，这种地图可以通过"画任意数量的连续线条，并且使它们自身交叉或相互交叉任意多次"构成，比如，前一页的下图就是由三个相交的圆构成的。

肯普的另一个贡献是，他发现可以将地图着色问题扩展到除球面以外的其他表面上。如在第 2 章中曾提到的，皮尔斯在 19 世纪 60 年代指出，在环面上的地图需要六种颜色——虽然这种情况实际上最多需要七种。1890 年，珀西·希伍德在关于一般表面上的地图着色问题方面取得了相当大的进展（见第 7 章）。

在结束对肯普的经典论文的讨论之前，需要再提一下地图着色问题和他研究的连接装置之间的一个重要关系：

> 如果在地图上铺一张描图纸，然后在纸上为每块区域都标一个点作为代表，再将那些有公共边界线的区域的代表点相互连起来，便可以在描图纸上得到一幅"连接图"。这幅图精确地将地图进行了变换，即用尽可能少的字母标记所有的点，同时满足任意两个直接相连的点所标的字母不同。

这种构造方法与第 2 章中提到的默比乌斯的"五位王子问题"和蒂策的"五座宫殿问题"之间的关系很像。任何地图着色问题都可以转化成为直连的端点标记时，不存在相同字母的问题。如今，这种连接被称为"图"（这是西尔维斯特于 1878 年在某一与化学相关的语境里创造的，它与我们日常使用的含义不同），这一过程被称为"生成地图的图"（或对偶图）。将四色问题转换成为端点标记字母的形式在 19 世纪 80 年代短暂地出现过（见第 6 章），这种形式在 20 世纪 30 年代又被引入，用于解决四色问题，之后就再也没有退出过这个舞台。

为了避免问题复杂化，在接下来的篇章中，我们仍将使用"地图着色"这个说法，不会改成"为图上的端点标记字母"。

回到巴尔的摩

肯普的论文在约翰斯·霍普金斯大学引起了广泛关注。1879 年 11 月 5 日，威廉·斯托里在约翰斯·霍普金斯科学学会的一次会议上，向十八位听众介绍了肯普证明的主要思路。斯托里纠正了其中的一些细微问题，并将一些肯普疏忽了的地图类型补充进了欧拉公式那章。此外，为了让"证明更加严谨"，他在肯普发表在《美国数学杂志》上的论文后面，又追加了四页"关于前述论文的注释"。非常遗憾，斯托里的改进也没有触及文章的致命缺陷。

斯托里的"注释"使他与暴脾气的西尔维斯特之间产生了分歧。西尔维斯特认为这并不适合公开发表，同时觉得斯托里处理得不够专业，便气愤地给校长吉尔曼写了一封信：

> 回顾斯托里自我今年不在校以来的所作所为，又想到去年我不在时，他违背我宗旨的事情，以及在处理肯普先生那篇重要论文时所表现出来的行为，即便不能说是恶意，也是不可原谅地欠妥的。我觉得，如果我们还继续一起编

《杂志》的话，那将会很不合适……

幸好，吉尔曼将此事平息了下来，但斯托里的名字也从杂志的责任副主编一栏上消失了。

皮尔斯也在 11 月的那次会议现场，那时他在美国海岸测量局工作，同时是约翰斯·霍普金斯大学的逻辑学兼职讲师。毫无疑问是在看到肯普的原稿后，皮尔斯在同年 8 月 17 日给斯托里写了一封信，提到了他之前偶然发现的四色问题解决方法——可能就是 19 世纪 60 年代皮尔斯在哈佛大学介绍过的那个证明方法（见第 2 章）。11 月 5 日召开了"经由 C. S. 皮尔斯补充评论的"肯普证明方法讨论会，随后在 12 月 3 日的会议上，皮尔斯"讨论了一种地理学上四色问题的新视角，它显示，用逻辑论证的方法可能要比肯普先生的证明方法更好"。

皮尔斯提供的"更好的证明方法"的细节没有保存下来，但他用代数形式对四色问题的重写大致是这样的：假设 A、B、C、D 分别代表不同颜色，1、2、3 代表国家。C_2 代表颜色 C 的国家 2，如果国家 2 用了颜色 C，那么 $C_2=1$，反之则 $C_2=0$。于是，皮尔斯将四色问题重写为如下形式（i、j 代表 1、2、3 中任意国家）。

$A_i^2 - A_i = 0$，对 B、C、D 也是如此。

$A_i B_i = 0$，对其他由 A、B、C、D 构成的组合也是如此。

而且，$A_i + B_i + C_i + D_i = 1$。

如果 i 和 j 是两块有公共边界线的区域，那么 $A_i A_j = 0$，对其他由 B、C、D 构成的乘积也是如此。

第一段的意思是，方程 $A_i^2 - A_i = 0$ 有 $A_i = 1$ 和 0 两个解，也就是说，颜色 A 有或没有被用于国家 i，对于其他颜色 B、C、D 也是如此。第二段规定颜色 A 和 B 不能同时被用于国家 i，其他颜色组合也是如此。第三段指出，在颜色 A、B、C、D 中，必有一种被用于国家 i。第四段说明了如果国家 i 和 j 有公共边界线，那么它们不能都用颜色 A，对于颜色 B、C、D 也是如此。

1879 年圣诞节，纽约的《国家》杂志进一步宣传了肯普的证明。在这份包含了众多音乐会、戏剧和歌剧的评论与介绍的杂志里，有一篇关于当期《美国数学杂志》的讨论，涉及对棒球中曲线球的解释，以及一份"皮尔斯先生的声明"。声明认为，"一个人们多年以来一直认为是成立的，但又未被证明的命题"，被"那位在连接装置领域颇有建树的肯普先生"率先证明了。

皮尔斯和斯托里此后一直对四色问题充满兴趣。1899 年 11 月 15 日，皮尔斯在纽约召开的美国国家科学院会议上做了一次关于四色问题的演讲，此外，在哈佛大学保存的皮尔斯的许多笔记中，有大量地图及为它们着色的简略笔记。让我们用斯托里写给皮尔斯的一封信来结束本章，这封信恰如其分地说明了四色问题给他们造成的挫败感。

> 亲爱的皮尔斯：
>
> ……没能回复你信中的四色问题，是因为我感到对此实在是无能为力。我在这个问题上花了大量的时间，但都打了水漂。你多年前提出来的方法我已经考虑过了，但是

也没什么结果。

1900 年 12 月 6 日

之所以迟迟没有将这封信寄出，全都是因为你。你再次向我提起这个让人又爱又恨的问题，于是，在我写下上面这段话之后，又花了些时间来考虑它，结果……唉！我觉得肯普的方法所涉及的反例，需要地图上至少有一块三边形或四边形区域，同时，接下来的着色区域不是五边形，也就是说，不存在这样的反例。但我无法给出证明……

此致

威廉·E. 斯托里

第6章
意外不断

肯普关于四色定理的证明在数学界得到了广泛认可，并且很快就成为一个数学传奇。在第5章，我们已经看到它如何在巴尔的摩的约翰斯·霍普金斯大学引发讨论，同样，英国的数学家看起来也普遍接受了这个证明，其中包括阿瑟·凯莱和接下来要提到的彼得·格思里·泰特（Peter Guthrie Tait）。肯普于 1879 年 11 月 24 日申请成为英国皇家学会会士，并于 1881 年 6 月 2 日当选。

在维多利亚时代的英国，有一个人对四色问题也很感兴趣，那就是《爱丽丝镜中奇遇记》的作者刘易斯·卡罗尔（Lewis Carroll）。他的真名叫查尔斯·勒特威奇·道奇森（Charles Lutwidge Dodgson），长期在牛津大学的基督教会学院担任数学教师。他极力倡导用传统方法，特别是借助欧几里得的《几何原本》来研究几何学，他还在如今被称为数理逻辑的数学领域里有开创性的工作。据说（不过道奇森一直否认），维多利亚女王很喜欢"爱丽丝"系列作品，并要求他献上下一部。当女王收到道奇森献给她的《关于行列式的基本规定》时，她一点儿也不开心。

道奇森喜欢设计谜题和游戏，并把它们出给熟悉的小朋友们玩，比如爱丽丝·利德尔（Alice Liddell）和她的姐妹们——"爱丽丝"系列作品就是写给她们的。据道奇森的外甥斯图尔特·科林伍德（Stuart Collingwood）说，道奇森最喜欢的谜题是：

A 画一幅郡县地图。

B 用尽可能少的颜色来为地图着色（或者用颜色的名字来做标识）。

两个相邻的郡县必须使用不同的颜色。

A 的目标是迫使 B 用尽可能多的颜色。

他最多能让 B 用几种颜色呢？

1883 年，爱德华·卢卡（Edouard Lucas）在法国的《科学评论》杂志上发表了肯普论文的翻译版。十一年后，卢卡去世不久，在纪念他的四卷本著作《数学趣谈》的最后一卷中，收录了这篇文章的加长版。

德国的理查德·巴尔策于 1885 年在莱比锡科学学会的一个讲座上做了关于默比乌斯"五位王子问题"的报告（见第 2 章），著名的德国数学家弗莱克斯·克莱因（Flex Klein）建议巴尔策关注一下"在伦敦的肯普先生所做的相关工作，即地理学上的四色问题"。之前曾提到，巴尔策混淆了这两个问题，声称他对五位王子问题的证明为解决四色问题提供了一个更为简便的方法，并说："如果默比乌斯看到他朋友魏斯克的证明还能有那么重要的应用，那他将会非常高兴。"（魏斯克就是那位启发默比乌斯提出五位王子问题的同事。）很遗憾，我们即将看到，巴尔策并不是唯一一个容易犯错的人。

主教参与的挑战题

1887 年 1 月 1 日，《教育学报》上出现了下面这样一段文字。文章的作者是詹姆斯·莫里斯·威尔逊（James Maurice Wilson）牧师，他是在学校里进行科学教育的倡导者，也是克利夫顿学院的校长，该校是一所位于英国布里斯托尔的男子学校。

> 克利夫顿学院有一条"规定"，即校长会在每个学期出一道极具挑战性的题目。有时候，这些题目与机械发明或电力应用相关，有时候则与数学相关，而要解决这类数学题，往往更需要智慧而非知识。比如，他曾经提出这样一个问题：试证，如果把正十边形的所有顶点都连起来，并将所有的边和对角线延长，那么，可以构成 10 000 个三角形。

> 他热心地把上学期的挑战题寄给了我们（见下文）。这也许会吸引一些收到题目的人给我们寄来这个问题的解决方法。

> "在为平面上的郡县图着色时，我们当然不希望有公共边界线的两个郡县使用相同的颜色。经过试验，人们发现无论郡县（或区域）的形状和数量如何，四种颜色总是够用的。求可以证明该命题的方法。为什么是四种颜色？如果地图画在球面上，它也成立吗？

> "请于 12 月 1 日之前将答案交给校长……答案的篇幅不超过一页三十行的手稿和一页示意图。"

克利夫顿学院的挑战题非常有意思，因此在上流社会颇为流行。
1889 年 6 月 1 日，威尔逊又在《教育学报》上写道：

> 不久以前，有一个在专栏中提出的问题引起了很多人
> 的兴趣……人们做了许多尝试，一些数学家写信说在他们
> 做的证明里，没有一个能让他们自己满意，而我则经常被
> 问起是否收到了简洁的证明。因此，我想读者们一定很想
> 看到我现在寄出的这个证明。它是由伦敦主教提供的。他
> 在信中说："我是在某个晚上的□□□□①会议上写这封信
> 的，当时□□正在激动地讲话，而我并不想听那些。"

会议结束后，次日早上的报道却说：

> 伦敦主教对□□先生的演讲很感兴趣，人们看到主教
> 在他讲话时，一直做着记录。

伦敦主教，也就是后来的坎特伯雷大主教弗雷德里克·坦普尔
（Frederick Temple），曾经在牛津大学贝利奥尔学院教过数学，他对
数学游戏和谜题尤其感兴趣。很遗憾，坦普尔的完整"解答"也像
理查德·巴尔策和其他许多人一样，认为只要证明在平面上不存在
五块两两互邻的区域就行了。数年之后，牛津大学的逻辑学威克姆
教授约翰·库克·威尔逊（John Cook Wilson）详细解释了坦普尔的
错误。

---

① "□"为原文隐去内容。——编者注

造访苏格兰

还有一个"意外"出错的人是爱丁堡大学的自然哲学教授彼得·格思里·泰特，广为流传的《自然哲学论》就是他与威廉·汤姆森（William Thomson，即开尔文勋爵）合著的。泰特是一位杰出的数学物理学家，他非常喜欢高尔夫球，对运动轨迹的模式和击球时材料的表现很有研究，甚至写过一篇关于高尔夫球运动轨迹的经典论文。在经过大量实验后，他掌握了如何计算高尔夫球理论上可以打出的最远距离，并在英国爱丁堡皇家学会介绍了他的成果。据《高尔夫》杂志里记载的一则轶闻，他的儿子弗雷德里克·格思里·泰特（Frederick Guthrie Tait）是当时最好的业余高尔夫球手，曾打出过比他父亲预测的最远距离还要远 5 码[①]的成绩。不过，这篇报道很可能是记者天马行空般的想象力的产物。

彼得·格思里·泰特（1831—1901）

① 5 码约等于 4.6 米。

彼得·格思里·泰特对肯普发表在 1880 年 2 月 26 日《自然》上的文章尤其感兴趣，那篇文章是关于四色问题解决方法的。几年前，当泰特还在研究关于绳结（即拓扑学中的纽结）的数学问题时，他从凯莱那里第一次听说了四色问题，并且独立地发现了肯普也发现过的一项推论：如果地图上的每个交点都是由偶数条边界线相交而成的，则该地图只需两种颜色。（但他也指出，"交点往往是三条边界线相交的"。）

泰特认为肯普关于四色问题的解决方法过于冗长，"几乎没有洞察它真正的本质和关系"。于是，他花了不到三周时间，便给出了四五种自创的简化方法——它们也都是错的。同年 3 月 15 日，他自信地将这些成果提交到爱丁堡皇家学会，最终以论文的形式发表在了学会学报上。

在对四色问题第一次错误的尝试中，泰勒用到了肯普的连接图，图中的点代表国家，连接点的线代表国家相互邻接。他又添加了一些边，将连接图划分为多个三角形，其目的在于，如果"三角图"上的所有点可以用总共四个字母标记，且相连的两点字母都不同，那么（只要去掉临时添加的那些边），原始连接图中的各点也将如此。

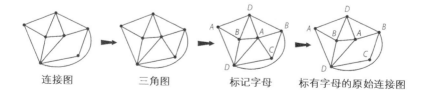

连接图　　　　三角图　　　　标记字母　　标有字母的原始连接图

然后，泰特又加了一些点，使得三角图中每个三角形拥有四条边，而所有的点都轮流用 A 和 B 标记。接下来，泰特用"另一种方式再标记一次"，即再标记一次字母。最后，他把添加的点去掉，得到一幅标记了合并字母的原始连接图。

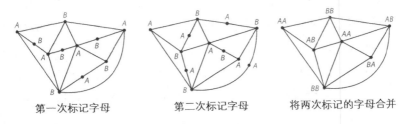

第一次标记字母　　　　　第二次标记字母　　　　　将两次标记的字母合并

泰特指出，对任意地图而言，最后那幅图上的点只能是四种组合字母 AA、AB、BA 和 BB 中的一种，同时，任意相连的两点的组合字母是不同的。但是，他无法证明这种标记字母的方法可以一直有效。1880 年 4 月 13 日，泰特在监考时匆忙地写了一封信给肯普，在信中他坦诚地说：

　　　　这首先是一个用两种不同的方式为连接图标记字母的小游戏——将这两幅相同的图标得完全不一样。只需辅以一些简单的规则，它实现起来并不困难。

因为他没有解释所谓"一些简单的规则"到底是什么，以及他的方法为什么是可行的，所以，他的这次尝试并不能被认为是一个令人满意的四色问题解决方法。

1880 年末，泰特又给出了一条真正有用的原创思路，他相信沿着这条思路可以得到解决四色问题的方法。虽然这一点并没有实现，但它开创了一个至今仍然活跃着的有趣的研究领域。考虑三次地图，泰特的思路是将"为国家着色"转成"为边界线着色"。

　　在由三条边界线相交形成交点的地图上，这些边界线可以使用三种颜色，这样不会产生相同的颜色毗邻的情况。

（如果两条边界线有相同的端点，那么定义它们是毗邻的。）例如，假设任意一幅可以用 A、B、C、D 四种颜色完成着色的三次地图，可以用 α、β、γ 三种颜色为边界线着色，规则如下。

　　所有 A、B 色国家之间，以及 C、D 色国家之间的边界线，用 α 色；
　　所有 A、C 色国家之间，以及 B、D 色国家之间的边界线，用 β 色；
　　所有 A、D 色国家之间，以及 B、C 色国家之间的边界线，用 γ 色。

其步骤如下图所示。

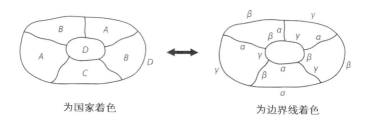

为国家着色　　　　　　　　为边界线着色

上面的这个过程是可逆的。假设有一幅已经按上面的方式完成边界线着色的三次地图，所有三种颜色都会在交点处出现。选取任意一个国家并涂上颜色 A，根据前面的介绍，便可以为其邻国找到合适的颜色。例如，如果邻国和 A 色国之间的边界线是 β 色的，那么这个邻国就要用颜色 C。以此类推，可以完成对整幅地图的着色。

另一种逆向过程对后来的影响更为深远，该方法只选取并关注两种颜色的边界线：它们总能形成一个或多个"闭环"。

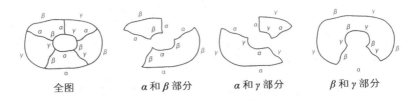

全图　　　　　α 和 β 部分　　　　α 和 γ 部分　　　　β 和 γ 部分

然后，选取这个闭环集中的第一个，将环内的国家标为 1，环外的国家标为 0。选取闭环集中第二个做相同的操作，并将标记结果与第一个合并。

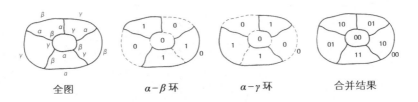

全图　　　　　$\alpha-\beta$ 环　　　　　$\alpha-\gamma$ 环　　　　　合并结果

这样，所有国家便会分配到 00、01、10 和 11 四种"颜色"。

泰特正确地意识到为地图上的边界线着色非常重要，为此，他又写了一封信给肯普。他认为自己之前的结论，即只用三种颜色便可为三次地图的边界线着色，才是"真正正确的方向，是很容易证明的引理"。

> 因此，我撤回了我那篇长文，在爱丁堡皇家学会最近的一次会议上，我宣读了一篇更短更简单的文章（基于上面的这个引理）。
>
> 从总体上来看，我认为我找到了简单的方法。

1880 年 7 月 19 日，泰特向爱丁堡皇家学会提交了这一成果，学会学报很快发表了该成果的摘要。泰特相信这个"很容易证明的引理"可以很容易地用数学归纳法（见第 4 章）来证明，与之前一样，从中便可以推出四色问题的解决方法。但非常不巧，他那个"很容易证明的引理"与四色问题本身一样难以证明。

此处补充说一下泰特关于四色问题的早期论著。他的第一篇论文促成了另一篇《关于地图着色问题的笔记》的诞生，这份笔记也曾发表在《爱丁堡皇家学会学报》上。文章的开头是这样的：

> 根据《爱丁堡皇家学会学报》第 106 期的 501 页所述，人们正关注着地图着色问题。本文主要讨论这个问题的历史。

文章的作者是弗雷德里克·格思里，就是在这篇文章里，他澄清了他哥哥弗朗西斯才是第一个提出四色问题的人（见第 2 章）。

在多面体上环游

泰特在《爱丁堡皇家学会学报》上的摘要很快被扩展成了一篇论文，并发表在了学会会刊上。在这篇《关于一个位置几何学定理的笔记》里，他提到了为三次地图的边界线着色的问题。

如果 $3n$ 条线在 $2n$ 个点上相交，那么每个交点有且只有 3 条线相交，（通常有多种不同的方式）可以将这些线分为 3 组，每组各有 n 条，使得每组中线的端点包含了所有交点。

例如，下面这幅边界线着了色的地图有 8 个交点和 12 条边（即 $n=4$），α 色线构成三组中的第一组，β 色线构成第二组，γ 色线构成第三组。

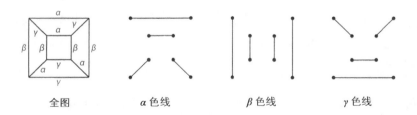

| 全图 | α 色线 | β 色线 | γ 色线 |

接下来，泰特含糊地断言道：

这个定理之所以难以获得一个简单的证明，是因为如果没有限制条件，它并不成立。

他给出的例子是下页这幅有 14 个点和 21 条边（即 $n=7$）的地

图，不过它是错的。由于中间的线并没有将两个不同的国家分开，因此这幅连接图并不能称为地图。

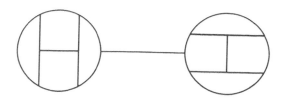

泰特只考虑那些可以由多面体投影到平面后生成的三次地图，于是排除了这种麻烦的情况。投影后生成三次地图的多面体一定是三次多面体，如四面体、立方体和十二面体，它们的每个顶点都恰好由三条棱（或三个面）相交而成；八面体和二十面体都不是三次多面体，因为它们的每个顶点都由三条以上的棱（或三个以上的面）相交而成。泰特相信他的结论对任意三次多面体都是成立的，这条结论是这样说的：

四色定理等价于：对应多面体地图上的边界线可以只用三种颜色，同时，这些颜色全都出现在每个交点处。

为了解决这一"受到条件限制的问题"，泰特提出了下面的问题：

对所有三次多面体而言，是否总是存在一条闭环路径，沿着它可以只经过所有顶点一次？

对十二面体和截角八面体而言，沿着下页上图的闭环可以只经过所有的顶点一次。

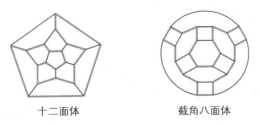

十二面体   截角八面体

泰特对有这种闭环的三次多面体产生了兴趣，因为它们只需要三种颜色：沿着闭环用红色和绿色交替，对剩下的棱用蓝色。例如下图，该立方体的棱就是这样着色的：

原始立方体   闭环   为棱着色

实际上，在此前二十多年，托马斯·彭尼顿·柯克曼（Thomas Penyngton Kirkman）和威廉·罗恩·哈密顿爵士就已经研究过在多面体上寻找可以遍历所有顶点的闭环问题了。在此稍微介绍一下他们所做的贡献。

环球旅行

托马斯·彭尼顿·柯克曼是英国兰开夏郡沃灵顿镇附近的克罗夫特与索思沃思小教区的教区长。他的教区工作并不太忙，因此，他把时间都献给了七个孩子和数学研究，他还因而成了英国皇家学会的一名会士。柯克曼痴迷于多面体研究，很喜欢设法在给定的多面体上寻找可以恰好遍历所有顶点一次的闭环。非常遗憾的是，因为他自创了一套术语，所以要理解他的论文不太容易，比如他把有 p 个面、q 个顶点的多面体写成 p-edral q-acron，将三个面相交而成的顶点称为 triedral summit（用他自己的拼写方式）。

托马斯·彭尼顿·柯克曼（1806—1895）

1855 年，柯克曼发现了一个不存在上述闭环的多面体。他的原话是：

> 如果我们沿着 6 条平行的棱中的一条，将蜂巢切开，就可以得到一个由 1 个六边形和 9 个四边形组成的有 13 个顶点的多面体。不存在可以遍历该多面体所有顶点的闭环。

这个多面体在平面上的投影如下图所示。

为了说明为什么不存在可以遍历所有 13 个顶点的闭环，可以采用对每条棱的两端着不同颜色的方式，为所有顶点着上黑色或白色。任何闭环都将是黑白相间的，但只有黑色和白色顶点数量相同时，闭环才有可能实现。但是，图中有 7 个黑色顶点、6 个白色顶点，因此不存在这样的闭环。不过，柯克曼还发现，如果让中心点与它左侧的点相连，那么就可以有这样的闭环。

接下来的几年里，威廉·罗恩·哈密顿在研究完四元数之后，也开始对在十二面体上画闭环产生了兴趣，他称之为二十演算。特别地，他考虑三种量，分别用希腊字母 ι、κ 和 λ 表示，并且满足方程：

$$\iota^2 = 1, \ \kappa^3 = 2, \ \lambda^5 = 1, \ 其中 \ \lambda = \iota\kappa$$

假设 $\mu = \iota\kappa^2$，哈密顿证明了 $\mu^5 = 1$。他还证明了一个更长的表达式：

$$\lambda^3\mu^3\lambda\mu\lambda\mu\lambda^3\mu^3\lambda\mu\lambda\mu = 1$$

后来，他用这个表达式来解释十二面体上的闭环问题。

如果我们以顶点 B 作为起点，向 C 进发，在每个节点上，定义 λ 为"向左转"，μ 为"向右转"，那么，我们可以循着以字母顺序排列的顶点 $BCDFGHJKLMNPQRSTVWXZ$ 这条路径，获得想要的闭环。

最终回到顶点 B。

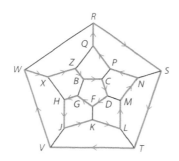

哈密顿为他发明的二十演算感到非常自豪，因此将其包装成"环球旅行"——一种"新颖有趣的画画游戏"。在游戏中，由 20 个辅音字母 B、C、D……X、Z 标识的顶点分别代表布鲁塞尔、广州、德里……赫雷斯、桑给巴尔。游戏的目标是"环游世界"，沿着路线造访这些城市并且最终回到出发点。一种做法便是像上文那样，按字母顺序进行。哈密顿通过试玩"发现一些年轻人觉得它很有意思"，便扬扬得意地把它以 25 镑的价格卖给了伦敦哈顿花园的玩具制造商约翰·雅克（John Jacques）父子。事实证明，哈密顿把它卖了是非常明智的，因为它推向市场后根本没有销量。

这个游戏也可称为二十游戏，由 20 根标了号的桩子组成，它

们被依次放置在 *B*、*C*、*D*……号洞中。游戏说明书里描述了数种玩法，如："给定五个初始点，可以有多少种闭环?" 举个例子，对于 *BCDFG* 有多少种闭环? (答案是两种) 对于 *LTSRQ* 和 *JVTSR* 又分别有多少种呢?

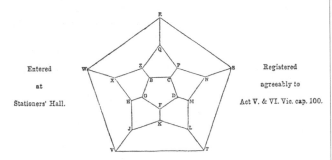

原版二十游戏说明书

由于哈密顿在该领域成果的重要性和影响力，这些闭环如今被称为哈密顿回路，而柯克曼却没有得到应有的荣誉。其实，柯克曼的研究要比哈密顿早几个月，并且他研究的并不只是十二面体，而是一般多面体。

微小行星

让我们继续讨论彼得·格思里·泰特的工作。之前提到，由于三次多面体上的哈密顿回路让泰特可以只用三种颜色为那些棱着色，进而用四种颜色完成对面的着色，因此泰特对它们很感兴趣。在泰特 1880 年 11 月的论文中，他讨论了他的"定理"，即所有三次多面体都存在这样的回路，并且指出：

> 哈密顿的二十游戏是这个定理的一项特殊应用，它使用的图是由五边形组成的十二面体的投影。它源于柯克曼先生写的多面体论文（《哲学会刊》，1858 年，第 160 页）的评论，里面明确提出了经过多面体上所有顶点的独一无二的"棱回路"。

泰特关于哈密顿发明二十游戏的灵感来自柯克曼的说法是不对的。

三年后，泰特在爱丁堡数学学会举办了一次关于这篇论文的讲座，还在《哲学杂志》上发表了一篇论文，文中，他重申了所有三次多面体都有哈密顿回路的观点。他说：

> 到目前为止，这个奇妙命题的证明也许都没考虑到它

简单的地方，就像天文学家很容易忽视地球上那些不起眼的美景。

1881 年，柯克曼又开始研究多面体上的回路问题，这也许是受到泰特对它产生兴趣的影响。他将三次多面体上的哈密顿回路问题改写成韵文形式，寄给了《教育时代的数学问题与解答》。英国维多利亚时代的数学家经常会将他们的问题写成韵文，柯克曼也不例外。他将其编成了五十三行的差劲的打油诗，即《问题 6610》，它的开头是这样的：

6610. (By the Rev. T. P. KIRKMAN, M.A., F.R.S.) –

To a wee planetoid, but recently out,

I am bound to attach an opinion

On how to effect a design they're about

Of improving their little dominion.

Tired of their islands, they long for a Continent:

Here is the statement they give me, their want anent –[①]

---

① 大意：

6610（作者：尊敬的 T. P. 柯克曼牧师，文学硕士，英国皇家学会会士）

他们最近去一个微小行星，

我必须提供一些意见，

这会对他们拓展小小领地的计划有些影响。

他们厌倦了岛屿，更想要一片大陆：

这就是他们的需求，他们想要——

其结尾是：

On islands, three, four, or two,

Towns, to threescore or two,

Cover with triedral summits your n-edron;

When they are penned, run

Over your islands a pencilling cloud,

Giving the cities the shore-lines allowed.

The white will all be

Ferry, cable, and sea.

You may feel a bit proud,

If, after some labour, you find what you want, an ent-

Ire single circle of towns on a Continent.

When it is found, there is nothing to face,

But proof of a rule to fit every case.[1]

---

[1]　大意：

岛屿，不管是三个、四个还是两个，
城镇，无论是六十还是四十座，
让它们都被三次多面体覆盖；
在被盖住后，岛上的空中有一朵铅笔般的云，
勾画出这些城镇的海岸线。
白色的是渡船、缆绳和大海。
你也许会有点自豪，
如果通过劳动，你找到了想要的东西——
在大陆上的一个完整的小镇圈。
当它被找到时，除了证明了对所有情况都适用的规则，
别无他物。

《问题 6610》的"提问者的解答"是以下面这段话作为开场白的：

> 这个定理——任意 p 面体 P，每个顶点都由三个面相交而成，存在可以遍历所有顶点的闭环——让人又爱又恨的地方在于，想要怀疑或证明它都是一种嘲弄。

换句话来说，想要确定所有三次多面体是否都存在哈密顿回路是极其困难的。柯克曼的蜂窝多面体就没有哈密顿回路，但它并不是三次多面体，因此不能作为反例。

柯克曼接着给出了一个花哨的证明，它的结论是这样的：

> 这才是我至今为止希望发表的用于尝试证明这个一般定理的方法。它并不是一个严格的证明，但除非构造出一个找不到哈密顿回路的 p 面体，它应该还是具有一定说服力的。希望能有更为严格的证明，可以证明那种顶点由三个面相交的 p 面体的一般情况。但我在此分享一下 P. G. 泰特教授的一个观点，即我们找到这种证明的机会事实上非常小。在我的印象中，他是最懂这种回路的专家。

结果，在过了六十五年之后，终于证实了不可能找到这样的证明。1946 年，英国数学家比尔·图特（Bill Tutte）找到了一个三次多面体，如下页图所示。

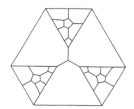

该图形不存在哈密顿回路，因此，很遗憾，这证明泰特又错了。

让我们也学学数学家同行，用一首诗来结束本章。

Beware the displeasure of Tutte:

He is normally equable, but

He gets in a temper

When people say 'Kemp-e',

And mutters 'Not Tutt-e, but Tutte.' [①]

---

① 大意：

小心图特不高兴：

他平时很随和，但是，

当人们念"肯——普"，

并且咕哝"不是图提，是图特"时，

他会发飙。

第 7 章
来自杜伦的爆炸新闻

肯普的四色定理证明很出色。虽然它是错的，但它是一个很棒的错误证明。这不仅是因为它让维多利亚时代的数学家认同了 11 年，更重要的是，它所蕴含的大部分思想很有道理，为后来解决该问题奠定了基础，包括最后的成功证明也从中受益。找到肯普论文错误之处的人是英国杜伦学院（现在的杜伦大学）的数学讲师希伍德。

希伍德的地图

珀西·约翰·希伍德（Percy John Heawood）拥有牛津大学埃克塞特学院的数学和古典学学位，并且获得过大学里的初级和高级数学奖学金。1887 年，他被任命为杜伦学院数学讲师，并在那里度过了余生。他在那里当上了教授，并一直做到副校长。1939 年，78 岁的他从学校退休。

希伍德一辈子都热衷于各种委员会事务，如果某天没参加过委员会的会议，他就会觉得那天是在虚度光阴。作为著名的拉丁语、希腊语和希伯来语学者，他在退休后仍坚持研究数学和古典学，并于 90 岁高龄时发表了两篇研究论文——在《伦敦数学学会学报》上发表了一篇关于四色问题的文章，还有一篇是发表在《犹太季评》

上的，讨论"最后的晚餐"发生在哪一天。

就像本书中的其他人物一样，希伍德也有些古怪。伦敦数学学会为他发的讣告中，这样深情地怀念道：

> 无论外表、举止还是思维习惯，他都非常古怪。他留着浓密的髭须，身材瘦弱又略带佝偻。他常常拎只古老的手提包，穿着一件又旧又怪的带护肩斗篷。他的步伐轻快，常常会带着一条狗去上课。

珀西·约翰·希伍德（1861—1955）

"猫咪"[①]希伍德（人们给他起了这个绰号，是因为他的胡须很像

[①]　原文为 Pussy（猫咪），与 Percy（珀西）谐音。

猫胡子）有一个独特之处，那就是他每年只有在圣诞节才会校准一次手表。每当他想知道确切的时间时，他都要根据手表变慢的速度，通过必要的心算来计算当前时间。据说，有一次他悄悄告诉问他时间的同事："不对，不是快了 2 小时，而是慢了 10 小时！"

除了接下来要说到的地图着色研究，希伍德的主要成就是保护了宏伟的达勒姆城堡（即杜伦城堡，建于 11 世纪）。这座城堡坐落在威尔河畔的一个岬角，矗立在河边的悬崖上。1928 年，人们发现它的地基有可能会塌陷，但又筹集不到修缮资金。希伍德作为城堡保护委员会秘书长，几乎仅凭一己之力，就筹到了必要的资金，挽救了城堡。为了表彰他的这些成就，杜伦大学在 1931 年授予他民法荣誉博士学位。1939 年，他又荣获大英帝国军官勋章。

希伍德对四色问题产生兴趣的时间，还需回溯到他在牛津大学的第一个学期。在写给比利时数学家阿尔弗雷德·埃雷拉（Alfred Errera）的一封信中，他回忆道：

> 1880 年，当我还在牛津大学学习时，H. J. S. 史密斯担任几何学教授。他是一位有趣而富有条理的老师，在开始正式课程前，他先将几何性质分为：（1）状态性质；（2）分类性质；（3）度量性质。在为（1）所举的几个例子中，他提到了可能正确但尚未被证明的四色定理。此后，我便对这个问题产生了兴趣。

在第 4 章中曾提到过，亨利·史密斯（H. J. S. 史密斯）是凯莱提出地图着色问题的那次伦敦数学学会会议的主席，但史密斯显然并不知道肯普随即给出了证明。希伍德在信中继续说道：

> 当听说肯普有一个证明时，我自然很感兴趣。在对它
> 做了严格检查后，我发现了其中一处错误，并将其记录在
> 刊印的笔记里。在我的论文被《季刊》发表之前，我从未
> 听说有人怀疑过它的正确性。

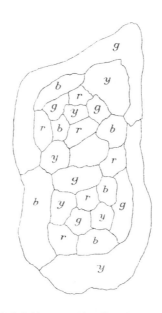

就肯普的证明，希伍德给出的反例

1889 年 6 月，希伍德写了那篇著名的论文——《地图着色定
理》，并且如期发表在了第二年 6 月的《数学季刊》上。在文章的导
言中，希伍德看起来几乎全是在为从肯普的论文中发现了错误而表

示歉意：

> 本文并没有给出原始定理的证明，事实上，就目前看
> 来，它的作用只是破坏而非建设，因为它将揭示一个隐藏
> 在看起来被广泛认可的证明中的瑕疵……

希伍德的质疑主要集中在肯普处理五边形时的论证部分。第 5 章曾提到，肯普考虑的国家排列如下图所示。

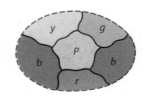

肯普同时使用了两次颜色交换，重新分配了五边形 P 两侧国家的颜色，使得 P 自身可以有合适的颜色。每次颜色交换都是完全合规的，但是将它们同时进行就会产生问题。

为了证明这一点，希伍德引入了下页的地图。在这幅地图中，除了中间的五边形（记作 P），剩下的二十五个国家分别涂上红色、蓝色、黄色和绿色。当然，这幅地图是可以只用四种颜色的，希伍德把它作为例子，只是为了说明肯普的证明方法不正确。

按照肯普的方法，接下来要为 P 的邻国重新分配颜色，以便节约出一种颜色给 P 使用。首先，考虑到 P 的蓝色和黄色邻国由一条蓝－黄链相连，同时，该链将 P 上方和下方的红绿国家隔断了，如下页图 (a) 所示。于是，可以将 P 上方的红绿色交换，同时不影响 P

下方的红绿国家，如下图 (b) 所示。

或者，也可以交换其他颜色。P 的蓝色和绿色邻国由一条蓝 –
绿链相连，同时，该链将 P 上方和下方的红黄国家隔断了，如下图
(c) 所示。于是，可以将 P 下方的红黄色交换，同时不影响 P 上方的
红黄国家，如下图 (d) 所示。

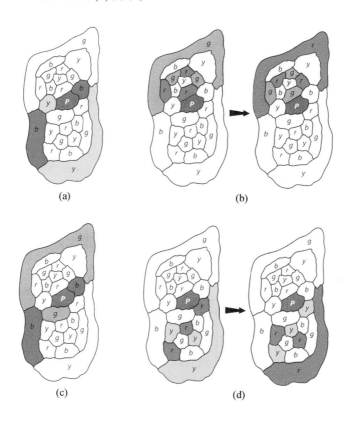

(a)　　　　　　　　　　　　　(b)

(c)　　　　　　　　　　　　　(d)

上面两种颜色交换本身都是可行的，但肯普的错误在于同时这样做。这是因为，如果同时交换 P 上方的红绿色和 P 下方的红黄色，那么，绿色国家 A 和黄色国家 B 都会变成红色，从而产生错误，如下图所示。

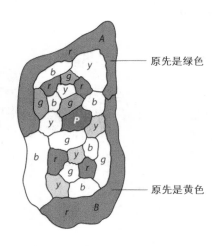

原先是绿色

原先是黄色

由于存在这类同时交换颜色的可能性，因此肯普的证明是靠不住的。希伍德这样写道：

> 但是，很遗憾，我们可以想到，尽管每次交换能去掉一个红色，但两者同时交换并不能同时去掉两个红色。我的地图就是这种可能性的一个例子，在这里，每个交换都会让另一个交换变得有问题——将两个原本颜色不同的区域都变成红色。因此，除非引入可以处理这种问题的修订，否则肯普先生的证明不能覆盖所有情形。

肯普论证中的这个瑕疵被证明是一个重大错误。肯普在《伦敦数学学会学报》的专栏中承认了这一点，并且在 1891 年 4 月 9 日举行的一次学会会议上讨论了这个难题。

> 在我的证明里有一个用四种颜色为任意地图着色的方法。希伍德先生给出了一个不能使用该方法的例子，因此，该证明方法是错误的。我无法修补这个错误，尽管希伍德先生给出的这幅地图很显然可以只用四种颜色。因此，他的批评只是针对我的证明而非定理本身。

事实上，希伍德的例子并不是此类地图中最简单的，最简单的例子是由两位比利时数学家给出的。一个更吸引人的例子源于巴克球 C_{30}（见第 3 章），阿尔弗雷德·埃雷拉在 1921 年对它做了详细描述。与之前一样，可以对红绿做交换，也可以对红黄做交换，但不能同时交换。其实，埃雷拉的地图不仅简化了希伍德的例子，还否定了肯普精心设计的步骤。

更早一些，在 1896 年，夏尔–让–古斯塔夫–尼古拉·德·拉·瓦莱·普桑（Charles-Jean-Gustave-Nicolas de la Vallée Poussin）也给出了一个例子，他本人主要以素数分布领域的工作以及素数定理的证明而闻名。他阅读肯普证明的翻译版（爱德华·卢卡《数学趣谈》上的那篇文章，见第 6 章）后，在对希伍德的论文毫不知情的情况下，也找到了肯普的错误之处。在肯普的地图中，五边形用一个点来表示，可以将左侧的蓝色和黄色互换，或将右侧的蓝色和绿色互换，但如果将它们同时进行交换，那么上方两个国家就会都变成蓝色。

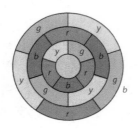

埃雷拉的例子

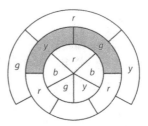

德·拉·瓦莱·普桑的例子

弥补措施

尽管希伍德无法弥补肯普证明中的漏洞，但他还是充分汲取了肯普的思路中的可鉴之处，并证明了五色定理。尽管它比四色定理要弱一些，但它依然是一项了不起的成果。

五色定理

在邻接的国家使用不同颜色的前提下，最多只需五种颜色即可完成对任意地图的着色。

要证明五色定理，可以模仿凯莱和肯普处理四色问题的方法（见第 4 章和第 5 章），即假设五色定理不成立，那么必定存在某些不能用五种颜色着色的地图，它们都需要五种以上的颜色，再考虑其中的最小反例，即这些地图中国家数量最少的那幅。该地图无法用五种颜色完成着色，但只要是国家数量比它少的地图，都能用五种颜色完成着色。

接下来的证明需要用到第 3 章的"最多只有五个邻国"定理。该定理指出，所有地图中都至少存在一个最多只有五个邻国的国家，它可以是二边国、三边国、四边国或五边国。如果是二边国、三边国或四边国，那么证明很简单。这里只证明包含四边国的情况。（二边国、三边国的情况，证明方法类似，只不过更为简单，而且与第 4 章中包含二边形和三边形的四色定理证明方法几乎一模一样。）

如下图所示，假设最小反例包含一个四边国。去掉四边国的一条边界线，将它与之前的邻国合并，就可以得到一幅比原先国家数量少的地图。根据假设，新地图可以只用红、蓝、绿、黄、橙（o）五种颜色。

然后，将四边国复原。由于可以使用五种颜色，而四边国的邻国只用了四种，因此可以剩下一种留给四边国。所以，可以用五种颜色为这个最小反例着色，推出矛盾。这说明，最小反例不可能包含四边国。

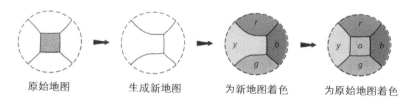

原始地图　　　生成新地图　　　为新地图着色　　　为原始地图着色

如下页上图所示，如果最小反例包含一个五边国，那么与之前一样，去掉五边国的一条边界线，将它与之前的邻国合并，从而得到一幅比原先国家数量少的地图。根据假设，可以用五种颜色为这幅新地图着色。

与之前一样，将五边国复原。但它的邻国可能用光了所有五种颜色，因此没有多余的颜色留给五边国。

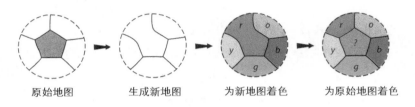

原始地图　　　生成新地图　　　为新地图着色　　　为原始地图着色

　　在此，可以采用肯普链论证法（见第5章）来处理这种情况。选取在其周围的两种不相邻颜色，比方说红色和绿色，并且，只考虑这两种颜色的国家。接下来的证明与包含四边国的四色定理证明几乎相同。

　　首先，从五边国 P 的红色和绿色邻国入手，将它们分别作为由红色和绿色国家所组成的链的起始点。那么，这两条红－绿链是相互独立的，还是连在一起的呢？

　　这里有两种情况：

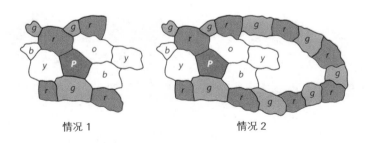

情况 1　　　　　　　　　　　　情况 2

情况 1

　　第一种情况是，位于 P 上方的红色和绿色国家，可以汇集到 P 的红色邻国，位于 P 下方的红色和绿色国家，可以汇集到 P 的绿色邻国，但它们彼此不相连。因此，可以在不影响 P 下方的红色和绿色国家的前提下，将 P 上方的红色和绿色互换，如下图所示。于是，只有绿、蓝、黄、橙四种颜色出现在 P 周围，P 可以使用红色。地图完成着色。

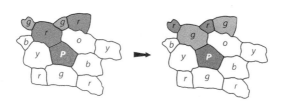

情况 2

在这种情况下，位于 P 上下两部分的红色和绿色国家是相连的，因此，交换颜色没有任何效果。于是，只好将注意力转移到蓝色和黄色国家上，而它们分别位于五边国 P 的左侧和右侧。如下图所示，由于红色和绿色国家是相连的，这条红－绿链把位于 P 左右两侧的蓝色和黄色国家分成了两部分。因此，可以在不影响 P 左侧的蓝色和黄色国家的前提下，将 P 右侧的蓝色和黄色互换。于是，只有黄、红、绿、橙四种颜色出现在 P 周围，P 可以使用蓝色。第二种情况的地图也完成了着色。

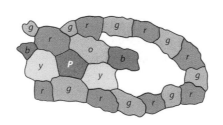

可以看到，在这两种情况下，都能只用五种颜色为最小反例着色，与假设矛盾。所以，不存在包含五边国的最小反例，即五色定理成立。

为"帝国"着色

希伍德很希望地图着色的概念并不局限在最初的四色问题上。他在《数学季刊》上的论文的引言部分指出，他的主要目的既不是要人们关注肯普证明中的错误，也不是证明五色定理。确切地说，相较于四色问题，"有更好的一般化的命题，同时严格证明这类命题又容易得多"。其中之一便是"帝国问题"。可以将这个问题理解成为若干个"帝国"着色，每个"帝国"都包括一个"宗主国"和若干个着色必须与"宗主国"一致的"藩属国"。

在第 1 章中，我们曾介绍过下面这幅地图，如希伍德所说，如果一个国家被分为两部分，则需要四种以上的颜色。

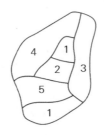

他接着提出了这样一个问题：需要几种颜色才能处理"每个国家都可能恰由两部分组成"的情况？也就是说，每个"帝国"有一个"宗主国"，并允许有一个"藩属国"。他那个简单的例子就用了五种

颜色，但还可以构造出需要更多颜色的地图。基于欧拉公式，他证明了所需颜色的数量不会超过 12。但是，是否这类地图就真的要用到所有 12 种颜色呢？

希伍德"或多或少地凭经验艰难地"给出了下面的例子。它包含了 12 对国家，其中每对国家都与其他国家对有公共边界线。例如，对于标记为 8 的国家对，其中一个与标记为 1、2、6、7、9、10、12 的国家有公共边界线，另外一个与标记为 3、4、5、11 的国家有公共边界线。由此，存在 12 个"互邻的国家对"，所以需要 12 种颜色。

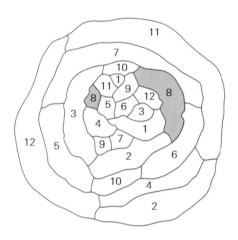

再次利用欧拉公式，希伍德证明了如果每个"帝国"由三部分组成，那么至多需要 18 种颜色。更一般地，对于任意大于 1 的整数 r，如果每个"帝国"由 r 块区域组成，那么至多需要 $6r$ 种颜色。但是，除了前述的 $r=2$，希伍德并没能构造出其他达到颜色数量上限的地图。

"帝国问题"在之后的九十年里，都没有取得什么进展。1981年，赫伯特·泰勒（Herbert Taylor）构造出了当 $r=3$ 时，需要 18 种颜色的地图（如下图所示）。

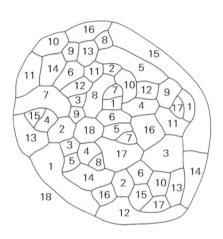

三年后，布拉德·杰克逊（Brad Jackson）和格哈德·林格尔（Gerhard Ringel）解决了 r 为任意值的一般情况。1959 年，林格尔还提出了"帝国问题"的一个变体，它被称为"地月问题"：在地球和月球上各有一幅地图，其中地球上的每个国家在月球上都有一个"藩属国"，要使每个地球上的国家与它在月球上的"藩属国"着色相同，需要多少种颜色？

在讨论 $r=2$ 的"帝国问题"时，我们知道所需颜色不会超过12 种；就"地月问题"而言，也已经证明至少需要 9 种。但是，是否存在需要 10、11 甚至 12 种颜色的"地月地图"呢？答案尚不得而知。

甜甜圈上的地图

希伍德还研究了除球面外其他表面上的地图的着色问题。1890
年，他在论文中构造了一幅环面（甜甜圈）上的地图，图中的所有
国家互为邻国。下面这幅环面上的地图与希伍德的例子类似——在
第 2 章讨论默比乌斯的王子问题时，它曾出现过。

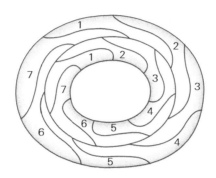

在这幅地图上有七个互邻的国家，因此需要七种颜色。不过，
所有环面上的地图都只需要七种颜色吗？

要回答这个问题，需要用到适用于环面地图的欧拉公式。在第 3
章中曾提到平面或球面地图上的欧拉公式：

$$国家的数量 - 边界线的数量 + 交点的数量 = 2$$

用符号表示为

$$F - E + V = 2$$

对于画在环面上的地图，欧拉公式大致相同，只是等号右侧变
成了 0。

环面上的欧拉公式

国家的数量 − 边界线的数量 + 交点的数量 = 0

用符号表示为

$$F - E + V = 0$$

本质上，上述结果与中间有一个孔的多面体吕利耶公式（见第 3 章）是一样的。举例来说，在上面例子中的环面地图上有 7 个国家、21 条边界线及 14 个交点，因此 $F=7$，$E=21$，$V=14$，代入环面欧拉公式得到 $F-E+V=7-21+14=0$。

如同每幅平面或球面上的地图至少有一个国家有不多于五个邻国一样，在环面上有如下结论。

环面上的"最多只有六个邻国"定理

在环面上的地图上，至少存在一个国家只有六个或六个以下的邻国。

让我们模仿第 3 章中的证明方法，来证明这个定理。

假设在环面上的地图上有 F 个国家、E 条边界线及 V 个交点。与之前一样，假设每个交点至少有三条边界线相交，因此有 $V \leqslant \dfrac{2}{3}E$。

为了证明地图上至少有一个国家有六个或六个以下的邻国，我们反过来假设：地图上不存在这样的国家。根据这个假设，每个国家都至少有七个邻国，于是，因为所有 F 个国家都是由七条以上的边界线围成的，所以至少有 $7F$ 条边界线。但由于边界线的两边各有一个国家，每条边界线都被统计了两遍，因此需要除以 2。故而，E 至少是 $\frac{7}{2}F$，用符号表示为 $E \geqslant \frac{7}{2}F$，整理后得到 $F \leqslant \frac{2}{7}E$。

将 $F \leqslant \frac{2}{7}E$ 和 $V \leqslant \frac{2}{3}E$ 这两个不等式代入环面欧拉公式后得到：

$$F - E + V \leqslant \frac{2}{7}E - E + \frac{2}{3}E = -\frac{1}{21}E$$

但根据欧拉公式，$F - E + V = 0$，于是有 $0 \leqslant -\frac{1}{21}E$，这显然是错的。之所以得到这个错误的结果，是因为假设了每个国家都至少有七个邻国，所以假设错误。这便证明了至少有一个国家，其邻国数量等于或少于六个。

有了环面上的"最多只有六个邻国"定理，便可以证明环面上的七色定理了，即任意环面上的地图只需七种颜色。为了证明这个定理，我们假设存在一个最小反例：存在一幅地图不能只用七种颜色着色，但任何国家数量少于它的地图都可以。根据前述结论，该地图有一个邻国等于或小于六个的国家 C，将 C 与它的一个邻国合并，于是可以得到一幅国家数量变少的地图。根据假设，新地图可以只用七种颜色，不妨假设它们分别为红色、蓝色、绿色、黄色、橙色、白色和紫色。

接下来将国家 C 复原。由于可以使用七种颜色，而 C 的邻国只用了其中六种，可以将剩下的颜色给 C。因此，这个最小反例可以只用七种颜色，与假设矛盾。所以，所有环面上的地图都可以只用七种颜色着色。

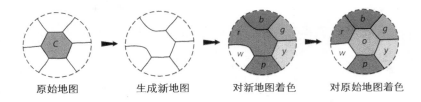

原始地图　　　　生成新地图　　　　对新地图着色　　　　对原始地图着色

最后，总结一下前面的讨论，可以得到：

　　　　所有环面上的地图都可以用七种颜色完成着色，并且，在环面上确实也存在需要七种颜色的地图。

希伍德在论文里证明了这个结论，并且将其推广到了有多个洞的甜甜圈（或者说蝴蝶脆饼，即多孔环面）上。如下图所示，双孔环面上的地图需要多少种颜色呢？

用与之前类似的论证方法，可以证明这个神奇的数等于 8。

　　　　所有双孔环面上的地图都可以用八种颜色完成着色，并且，在双孔环面上确实也存在需要八种颜色的地图。

以此类推，还能得到：

所有三孔环面上的地图都可以用九种颜色完成着色，并且，在三孔环面上确实也存在需要九种颜色的地图。

……

所有十孔环面上的地图都可以用十四种颜色完成着色，并且，在十孔环面上确实也存在需要十四种颜色的地图。

……

对任意多孔环面上的地图，希伍德利用欧拉公式的吕利耶形式，即

h 孔环面上的欧拉公式

国家的数量 − 边界线的数量 + 交点的数量 = $2-2h$

或者用符号表示为

$$F-E+V=2-2h$$

得到一个看起来更为复杂的一般化结论

所有 h 个孔的环面上的地图，都可以由 $H(h)$ 种颜色完成着色，其中

$$H(h)=\left[\frac{1}{2}\left(7+\sqrt{1+48h}\right)\right]$$

式中的方括号代表向下取整，例如

$$[7]=7,\ [9.99]=9$$

于是，当 $h=1$（普通环面）时，需要的颜色数量为

$$H(1)=\left[\frac{1}{2}\left(7+\sqrt{1+48}\right)\right]=[7]=7$$

当 $h=2$（双孔环面）时，需要的颜色数量为

$$H(2)=\left[\frac{1}{2}\left(7+\sqrt{1+96}\right)\right]=[8.42\cdots]=8$$

当 $h=10$（十孔环面）时，需要的颜色数量为

$$H(10)=\left[\frac{1}{2}\left(7+\sqrt{1+480}\right)\right]=[14.46\cdots]=14$$

这些计算结果与之前的结论一致。

$H(h)$ 有时也被称为 h 孔环面的希伍德数。当 h 为较小的数时，h 与 $H(h)$ 的对应关系如下表所示。

孔数量 h	1	2	3	4	5	6	7	8	9	10
颜色数量 $H(h)$	7	8	9	10	11	12	12	13	13	14

很遗憾，希伍德也是会犯错的。正如我们看到的，他正确地证明了环面上的地图公式，从而得出七种颜色就够了的结论，并且也给出了一个需要用到七种颜色的地图示例。他确实也证明了当 h 为较大的数时，有 h 个孔的环面上的任意地图所需颜色种数为 $\left[\frac{1}{2}\left(7+\sqrt{1+48h}\right)\right]$。随后他断言道，存在需要这么多种颜色的地图。不过他并没有去证明它，只是评论道：

可以预见，对于高度连通的表面而言，通常有足够多的

邻接关系，足以用尽上面所列用以区分相邻区域的颜色数量。

希伍德在此处的省略是一个很大的疏忽。1891 年，也就是希伍德的论文发表后一年，德国的洛塔尔·黑夫特尔（Lothar Heffter）首先注意到了这一点。黑夫特尔成功地证明了当 h 等于 2，3，4，5，6 以及一些别的值时，的确存在需要 $H(h)=\left[\dfrac{1}{2}\left(7+\sqrt{1+48h}\right)\right]$ 种颜色的地图。但他无法证明所有情况都是如此。在第 9 章将会看到，这个后来被称为希伍德猜想的命题，直到 77 年后才最终被证明。

希伍德猜想

在有 h 个孔的环面上（h 为任意正整数），总是存在需要颜色种数为 $H(h)=\left[\dfrac{1}{2}\left(7+\sqrt{1+48h}\right)\right]$ 的地图。

尽管希伍德和黑夫特尔都没能亲见这个猜想被证明，但研究在甜甜圈上着色似乎给他们带来了长寿：希伍德享年 94 岁，而黑夫特尔更是活到了 99 岁高龄。

重整旗鼓

人们似乎并没有注意到希伍德的论文。1894 年，在爱德华·卢卡逝世后才出版的《数学趣谈》最后一卷里有一篇肯普论文的加长版，但卢卡并没有指出其中的错误。在此之后的《数学家中介》杂志是法国巴黎一份为数学家交流数学问题而设立的刊物，P. 芒雄（P. Mansion）在上面发表了四色问题，不过他好像并不了解前人在这个问题上的成果。反馈很快就接踵而来：H. 德拉努瓦（H. Delannoy）和 A. S. 拉姆齐（A. S. Ramsey）援引了肯普和泰特的论文，德·拉·瓦莱·普桑给出了显露肯普错误的地图，而德拉努瓦因为没理解德·拉·瓦莱·普桑的例子，又发表了一篇认定肯普从头到尾都是正确的文章！

随后，《数学家中介》又将讨论重点转移到了泰特的断言——所有三次多面体都存在哈密顿回路，即一种可以经过所有顶点的回路。1898 至 1899 年间，丹麦数学家尤利乌斯·彼得松（Julius Petersen）写了两篇讨论泰特的研究与四色定理之间联系的笔记，他指出，"M. 肯普只是对这个问题浅尝辄止，他在难点一开始的地方就犯了错"。彼得松由此得出了一个出人意料的观点：

> 我不知道什么是确定无疑的，不过，如果要打赌的话，我押四色定理不成立。

彼得松如今主要因彼得松图而为人们所知，下图分别是该图常见的形式、由彼得松于 1898 年发表在《数学家中介》上的形式，以及由肯普在十二年前提出的形式。可以证明，彼得松图不存在哈密顿回路，而且它也不能由多面体生成。

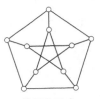
常见的形式

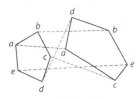
彼得松的形式

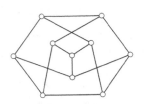
肯普的形式

《数学家中介》杂志从未意识到希伍德研究成果的重要性，但这丝毫没有影响希伍德在此后六十年里为四色问题所做的努力。1898年，他写了一篇在泰特研究的方向（见第6章，泰特研究了在同一三次地图中，用三种颜色为边界线着色和用四种颜色为国家着色之间的关系）的基础上，做出重大发展的论文。

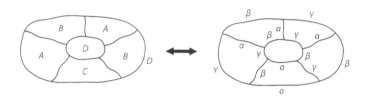

希伍德将研究重点放在了交点上。当颜色 α、β 和 γ 以顺时针方向出现时，他将其赋值为 1；反之，赋值为 -1。例如在上右图中，颜色 α、β 和 γ 在最上面的交点处以顺时针方向出现，因此该交点的值为 1。用 1 和 -1 赋值后，得到下图。

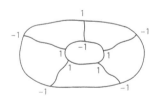

希伍德证明，地图上每个国家的交点值之和总能被 3 整除。例如在上图中，位于中央的国家交点值之和为 3，外面一圈国家的交点值都等于 0，而"外部"的国家交点值是 -3。接着，他又证明：

如果用 1 和 −1 为三次地图的交点赋值，进而每个国家的交点值之和可以被 3 整除，那么就可以用三种颜色为边界线着色，进而用四种颜色为地图上的国家着色。

因此，要解决四色问题，就相当于要证明用这种方法可以将所有交点赋值为 1 或 −1。希伍德对这种方法深感兴趣，因此进一步写了五篇论文，但并没有取得他深深渴望的最终成功。

希伍德的成果引出了一个简单的结论，而且好像也是由希伍德自己第一个发现的。他在 1898 年的研究论文中写道："如果每个国家的邻国数量能被 3 整除，那么该地图可以用四种颜色着色。"为了证明，先将每个交点赋值为 1。根据预设的邻国条件，每个国家邻国的数量都能被 3 整除，因此，颜色 α、β 和 γ 都在每个交点处以顺时针方向出现。于是，根据第 6 章所述，可以推导出每个国家所需的颜色。

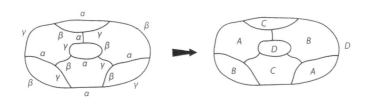

让我们用希伍德进一步的研究成果来结束本章。1936 年，75 岁的希伍德在一篇论文中尝试估算四色问题成立的概率，或者更准确地说，估算一幅有 n 个国家的随机地图可以用四种颜色完成着色的概率。他的论证略显粗糙，但论证的结果表明，无法完成着色的

概率不会超过 $e^{\frac{-4n}{3}}$，其中 e 为自然对数的底 2.718 28…，且 n 足够大。而在当时，人们已经证明，有 27 个国家的地图是符合四色定理的（这个结论将在第 8 章中提到）。因此，他的论证表明，无法着色的可能性将小于一千万亿分之一。也就是说，即使四色定理不成立，想要找到最小反例也是极其困难的。

跨越大西洋

19 世纪末是四色问题走向出现分水岭的时期。肯普的方法被证明是有缺陷的，但又没有别的方法可以填补这个缺陷。是时候出现一些新思路了。

坊间开始流传一种说法，那就是四色问题之所以迟迟没能得到解决，是因为没有一流的数学家研究它。确实，在 20 世纪的头十年里，有一个广为流传的故事，它与杰出的德国数论家赫尔曼·闵可夫斯基（Hermann Minkowski）有关。据说，闵可夫斯基在德国格丁根大学教授拓扑学时，提到过四色问题。

"这个定理尚未得到证明，只不过是因为研究它的都是些三流数学家。"闵可夫斯基自负地向班里的学生们宣布道，"我相信我可以证明它。"

于是，他便当场开始证明。一小时过去了，他还没证完。下一节课上，他继续做着证明。就这样持续了数周，终于，在一个雨天的上午，当闵可夫斯基走进教室时，天空响起了一声惊雷，他在讲台上面对着学生们，表情显得异常严肃。

"老天都对我的狂妄表示震怒了。"他说道,"我的四色
定理证明也有缺陷。"接着,他重拾几周前的课程,继续教
起了拓扑学。

20 世纪伊始,情况开始有了变化。当几位美国数学家——乔
治·伯克霍夫(George Birkhoff)、奥斯瓦尔德·维布伦(Oswald
Veblen)、菲利普·富兰克林(Philip Franklin)和哈斯勒·惠特尼
(Hassler Whitney)等为新的篇章做出贡献时,"四色传奇"便不再只
是英国人的故事了。通过他们的工作,有两个概念渐渐地被认为是
证明的关键。这两个概念都曾在肯普的论文中出现过,它们分别是
不可避免集和可约构形。

两个基本概念

在第 3 章中,我们证明了"最多只有五个邻国"定理:在每幅地
图上,至少存在一个国家只有五个或五个以下的邻国。因此特别地,
在每幅三次地图上必然包括至少一种下面的形状。

| 二边形 | 三边形 | 四边形 | 五边形 |

也就是说,在任意一幅三次地图上,至少会有一个国家属于上
面这组形状之一。这些国家的形状合在一起被称为一个不可避免集,
因为不可避免地会用到集合中的元素,即在任意三次地图上,总存

在至少一个属于它的元素。稍后还会看到，另一个不可避免集如下图所示。

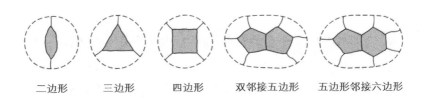

二边形　　　三边形　　　四边形　　双邻接五边形　五边形邻接六边形

因此，如果一幅三次地图没有二边形、三边形和四边形，那它要么有一个五边形，要么有一个双邻接五边形或一个五边形邻接六边形。那么，为什么要研究不可避免集呢？

我们在尝试证明四色定理时，曾提到一个方法是研究最小反例，它寻找在不能用四种颜色完成着色的三次地图里，国家数量最少的那一幅，然后我们证明这样的反例并不存在。在第 4 章，我们曾证明不存在包含二边形与三边形的最小反例，因为如果包含这两种形状，那么无论怎么用四种颜色完成对地图剩余部分的着色，都可以轻而易举地将着色工作扩展到这个二边形或三边形上。在第 5 章，我们讲到肯普证明了不存在包括四边形的最小反例——如果地图上有四边形的国家，那么只要使用肯普链论证法，即在地图的某处将两种颜色交换，就能为四边形节约出一种颜色。但是肯普没能证明包含五边形最小反例的情况——如第 7 章所述，希伍德指出了他证明中的错误。

因此，需要寻找的最小反例至少会是一幅包含五边形的地图。此外，根据在第 3 章提到的计数公式，这样的地图至少要有十二个五边形。也就是说，最小反例至少有十二个国家。一幅三次地图上正好只有十二个国家，且它们只能都是五边形，也就是一幅十二面体投影的地图。但下图显示，十二面体投影的地图是能用四种颜色完成着色的，所以它不可能是最小反例。因此，所有国家数量少于十二个的地图，都能用四种颜色完成着色，最小反例至少得有十三个国家。

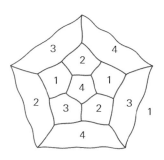

　　所谓可约构形，是指不会出现在最小反例中的任意国家形状排列，因此二边形、三边形和四边形都是可约构形。如果一幅地图包含可约构形，那么经过一些必要的颜色调整后，可以将着色工作扩展到地图的其余部分，使得整幅地图都只用四种颜色。如果当时肯普能证明五边形是可约的，那么四色问题早就解决了。

　　本书剩下的部分主要就是关于寻找可约构形的不可避免集，通过找到这样的集合来证明四色定理：因为集合不可避免，每幅地图都有至少一种集合中的构形，但每个构形又都是可约的，不可能出现在最小反例中，所以，不存在最小反例。但是，如何找到不可避免集，又如何找到可约构形呢？

寻找不可避免集

我们已经知道肯普没能成功处理五边形的情况了。那么，能不能把五边形替换成其他处理起来更方便的形状排列呢？

第一个尝试这样做的是德国数学家保罗·韦尼克（Paul Wernicke）。他在德国格丁根大学获得博士学位后，跨越大西洋，到美国肯塔基大学谋了个教授职位。有一阵子，他负责大学的军训工作，同时还作为肯塔基州民兵组织的上校掌管了一个军事委员会。无从知晓他是否与另一位肯塔基上校一样喜欢炸鸡。

1897 年 8 月，韦尼克在加拿大多伦多大学召开的第四届美国数学学会夏季会议上，发表了一篇名为《关于地图着色问题的解决方法》的论文。学会的公告中刊登了他的论文摘要，从摘要上看，他发展了泰特关于用三种颜色为边界线着色与用四种颜色为国家着色之间关系的理论（见第 6 章）。韦尼克的思路大致是在地图上添加新的国家，然后将地图转化为可以处理的形式。

> 给定一幅边界线做了标记且可以正确着色的地图，作者证明了在引入任意三边形、四边形和五边形的同时，可以保持标记正确。然后通过归纳可以得到主要定理。

然而，韦尼克用归纳法提出的四色定理证明，并不太可能比十七年前泰特的更成功。

韦尼克接下来的思路则更具有成效。1903 年 5 月，他在格丁根写了一篇长文，证明了如果一幅三次地图没有二边形、三边形或四边形，那它必然有双邻接五边形或五边形邻接六边形。正如上文提到的，下面的构形组成了一个不可避免集。

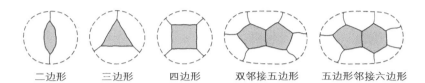

二边形　　三边形　　四边形　　双邻接五边形　　五边形邻接六边形

　　为了说明韦尼克的结论是正确的，需要引入一种被称为放电法的现代方法。该方法由海因里希·黑施（Heinrich Heesch）在1969 年首次提出，它将是第 9 章的重点。放电这个术语是由沃尔夫冈·哈肯提出的，在第 10 章将会提到，他是最终解决四色问题的人之一。

　　下面将通过证明由二边形、三边形、四边形、双邻接五边形和五边形邻接六边形组成的构形集合是一个不可避免集，从而说明什么是放电法。为了证明它，先要假设存在一幅不包括它们的三次地图，然后推出矛盾。根据假设，五边形不能与二、三、四边形相邻，也不能与五边形和六边形相邻（因为这些构形都是假设不存在的）。因此，每个五边形只能与至少有七条边的国家相邻。

　　现在，为每个国家赋一个值，并将这个值看作它的电荷数。我们对每个有 k 条边界线的国家，规定其电荷数为 $6-k$，于是得到：

　　五边形（$k=5$）电荷数为 1；

　　六边形（$k=6$）电荷数为 0；

七边形（$k=7$）电荷数为 -1；

八边形（$k=8$）电荷数为 -2；

以此类推。

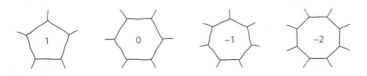

因此，如果一幅地图有 C_5 个五边形，C_6 个六边形，C_7 个七边形，等等，那么地图的电荷总数为

$$(1\times C_5)+(0\times C_6)+(-1\times C_7)+(-2\times C_8)+(-3\times C_9)+\cdots$$
$$=C_5-C_7-2C_8-3C_9-\cdots \tag{1}$$

回想一下，第 3 章中的计数公式是：如果一幅三次地图有 C_2 个二边形，C_3 个三边形，C_4 个四边形，等等，那么

$$4C_2+3C_3+2C_4+C_5-C_7-2C_8-3C_9-\cdots=12$$

由于地图上没有二、三、四边形，于是 $C_2=C_3=C_4=0$，因此，公式可以简化为

$$C_5-C_7-2C_8-3C_9-\cdots=12 \tag{2}$$

比较式 (1) 和式 (2)，可以得到地图上的电荷总数等于正整数 12。

现在，在地图上转移电荷并保持电荷数不增不减，就像电荷守恒一样，这被称作地图放电。有一种做法是，将五边形上的单位电荷等分五份后，向其每个负电荷数邻居（这些邻居都至少有七条边）各转 $\frac{1}{5}$ 的电荷，如下图所示。

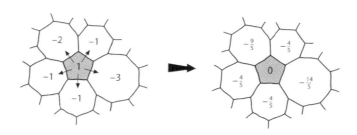

放电的结果是，地图上的电荷总数仍为 12，但每个五边形电荷数都变成了 0，与此同时，每个六边形电荷数仍是 0。

如何处理七边形呢？由于七边形的初始电荷数为 -1，它至少需要六个五边形邻居为其充电，才能获得足够多的 $\frac{1}{5}$ 电荷，使其电荷数为正值。但如下图所示，这样会导致两个五边形邻接的情况发生，因此为七边形充 $\frac{6}{5}$ 电荷是不可能发生的。所以，七边形会始终保持负电荷数。

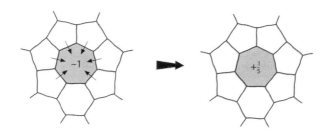

八边形又如何呢？每个八边形初始电荷数为 −2，需要至少十一个邻接五边形才能用各 $\frac{1}{5}$ 的正电荷将其充成正值，这也是不可能的。所以，放电后，八边形仍然会保持负电荷数。同理，九边形、十边形也不可能被充成正值。

这样一来，通过放电，地图上的每个国家要么是负电荷数，要么是零电荷数。但这与整幅地图的电荷总数是 12 的情况是相矛盾的。由此，证明了每幅三次地图至少包括二边形、三边形、四边形及双邻接五边形、五边形邻接六边形这五种构形之一，这五种构形组成一个不可避免集。

不可避免集的概念后来又由两位数学家进一步拓展。第一位是菲利普·富兰克林，他在普林斯顿大学写了一篇关于地图着色问题的博士论文，后来在麻省理工学院成为一位杰出的数学家。他是控制论创始人诺伯特·威纳（Norbert Wiener）的妹夫，而控制论是一门研究通信过程和自动控制问题的学问。

1920 年，富兰克林向美国国家科学院提交了他论文的一部分。在他提交的那部分论文里，有一项从计数公式推导出的结论，即每幅三次地图至少包括一个二边形、三边形、四边形或以下构形中的一种：

一个五边形邻接两个五边形；

一个五边形邻接一个五边形和一个六边形；

一个五边形邻接两个六边形。

它使得不可避免集中的构形数量达到了九个，如下页图所示。

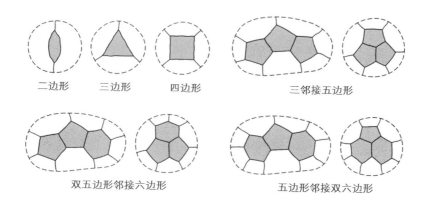

二边形　三边形　四边形　　　　　三邻接五边形

双五边形邻接六边形　　　　　　五边形邻接双六边形

　　另一位对不可避免集做出贡献的是法国数学家亨利·勒贝格（Henri Lebesgue），他在数学分析领域里提出了著名的勒贝格积分。1940 年，也就是这位大师去世的前一年，他写了一篇对欧拉公式进行简单推论的文章，其中，他利用计数公式构造了一系列有趣、新颖的不可避免集。

　　通过修改放电法，人们能发现，很多构形集合都是不可避免集，而这些放电过程的细节可能各不相同。此前，我们把五边形的电荷分成五份 $\frac{1}{5}$ 单位电荷，去给与它相邻的负电荷数邻居充电。但在有些情况下，把五边形的电荷四等分、三等分，或者把五边形的电荷等分给所有邻居充电，会更有效。

　　在 20 世纪，人们构造了数千个构形组成的不可避免集。想要处理如此庞大的集合，就得不断地修改放电过程，直至它能处理所有可能出现的情况。如何修改放电过程将在第 10 章讨论。

寻找可约构形

我们已经知道，二边形、三边形和四边形都是可约构形的例证——如果它们出现在地图上，那么可以用四种颜色对地图的其余部分着色，然后可能需要调整一些着色，最终对它们也完成着色。但在当时，人们给出的可约构形都有局限性。1913 年，乔治·伯克霍夫发表的论文戏剧性地改变了这种局面。

伯克霍夫是 20 世纪早期杰出的美国学者，他在许多数学领域贡献卓著。在哈佛大学和芝加哥大学学习后，他在威斯康星大学和普林斯顿大学得到了教职。他于 1912 年回到哈佛大学，并在那里度过了多产的余生。

乔治·伯克霍夫（1884—1944）

在普林斯顿时，伯克霍夫多次参加由著名几何学家奥斯瓦尔德·维布伦举办的研讨会。维布伦对四色问题有着浓厚的兴趣。

1912 年 4 月 27 日，维布伦看到了一篇写给美国数学学会的论文，文章拓展了珀西·希伍德 1898 年的那篇文章的思路，将其置于一种每条线恰好包含四个点的特殊几何条件中。维布伦后来还指导了菲利普·富兰克林关于地图着色问题的博士论文。

此后，伯克霍夫便把解决四色问题作为自己的宏愿之一，尽管后来他对在这个问题上花了那么多时间感到后悔。1913 年，他在《美国数学杂志》上发表了他那篇开创性的论文。三十多年前，肯普著名的解法也曾发表在这份杂志上。这篇伯克霍夫在普林斯顿时写就的论文叫《地图的可约性》，它给出了系统处理肯普链论证法的方法，此后在这个方面的所有进展都是在此基础上展开的。

伯克霍夫的思路是成环国家的最小反例。为了突出相关部分，假设一幅包含由三个国家组成的环的地图，并且环内和环外都至少有一个国家（成环的国家用橙色表示）。

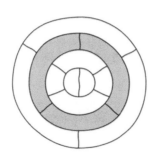

整幅地图是一个最小反例，因此环和环内部分可以用四种颜色，而环和环外部分也是如此。若有必要，只需对颜色进行调整，就能让环匹配，从而得到完成着色的整幅地图，如下图所示。于

是得到三个国家成环是可约的，它不可能出现在最小反例中。

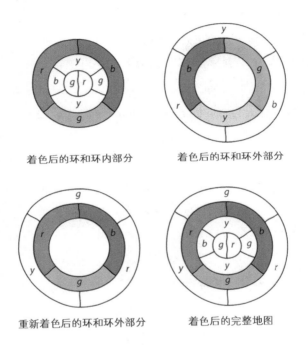

着色后的环和环内部分　　　　　着色后的环和环外部分

重新着色后的环和环外部分　　　　着色后的完整地图

　　注意，这个方法一般化了肯普的思路。它从原先的只去掉一个国家后用四种颜色为余下的国家着色，改为同时去掉若干个国家——在本例中，去掉的是环内或环外的国家——用四种颜色对地图的剩余部分完成着色，再对环上不同的颜色做匹配后，实现对整幅地图的着色。

　　类似地，四个国家成环要稍难一些，因为这种环可以有两种、三种或四种颜色，所以要完成匹配也就不那么容易了。如下页图所示，两种和三种颜色组成的环是不能直接匹配的。

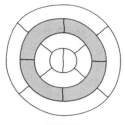

原地图

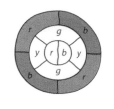

着色后的环和环内部分

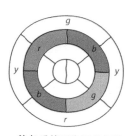

着色后的环和环外部分

但是，伯克霍夫证明，只要像二色肯普链那样适当地交换颜色，这些问题总是能解决的。他推断，四个国家成环也是可约的，它不可能成为最小反例。

随后，伯克霍夫将他的论证推广到五国成环，并且，除了由成环的五国围绕仅有的一个五边国这一种情况（这也是肯普没有解决的），其他情况都被他攻克了。伯克霍夫还将这个论证推广到六国成环，但在这里出现了更多问题。仔细分析它们后，伯克霍夫变得越来越不确定四色问题的状况，他在论文中认为下面的任意一种情况看起来都讲得通。

1. 存在不能用四种颜色完成着色的地图，它们中最简单的例子的主要特点可能是六块区域成环，同时环的内外两侧都有三块以上区域。通过减少区域，总会导致要么可以为给定的地图着色，要么产生一幅或更多的不能着色的地图。

2. 所有地图都能用四种颜色完成着色，并且能找到一组可约环，每幅地图必然包括其中的一种。

3. 所有地图都能用四种颜色完成着色，但只能通过减少
更多特征的方法，以适用于任意多相邻区域组成环的情况。

三十多年后，俄克拉何马大学的阿瑟·伯恩哈特（Arthur
Bernhart）在他那篇非常重要且技术性非常强的论文中，彻底解决了
伯克霍夫关于六国成环的问题。有这样一个故事，在伯恩哈特结婚
不久，他的新婚妻子在一次数学会议上遇到了伯克霍夫夫人。伯克
霍夫夫人追问伯恩哈特夫人：

告诉我，你丈夫有没有在蜜月期间要你为他画地图，
好让他去着色，就像我丈夫一样？

无论答案如何，对四色问题的兴趣无疑遗传了下去，阿瑟·伯
恩哈特的儿子弗兰克·伯恩哈特成了一位以写四色问题而闻名的
作家。

在下一节，我们将简述伯克霍夫是如何论证一种特殊的六国环
构形（伯克霍夫菱形）是可约的。这是一种重要的构形，它曾被誉
为"在图论领域享有的声誉，正如'光之山'大钻石在犯罪推理小
说领域一样"。自此，闸门大开，大西洋两岸的数学家开始发扬伯克
霍夫的思想，构造了大量的可约构形。

四色问题在研究型学位的圈子里成了"显学"，有许多学生因
写与之相关的学位论文而得到了博士学位。这些学生中就包括之
前提到过的菲利普·富兰克林。他在普林斯顿写的论文《关于地
图着色问题》，证明了下列构形都可约，所以不可能出现在最小反

例中。

- 与三个五边形和一个六边形相接的五边形；
- 由两个五边形和三个六边形围绕的五边形；
- 由四个五边形和两个六边形围绕的六边形；
- 任意与 $n-1$ 个五边形相接的 n 边形。

通过应用计数公式，他随后证明了任意不多于 25 个国家的地图都能用四种颜色完成着色，因此，最小反例必须至少有 26 个国家。

另外一位年轻研究者是阿尔弗雷德·埃雷拉，他在比利时布鲁塞尔自由大学完成了名为《地图着色》的学位论文。埃雷拉拓展了富兰克林的结论，尤其证明了最小反例必须至少包含 30 个五边形，并且不能只有五边形和六边形。

后来的数学家继续这项工作，得到了更多的可约构形，在利用计数公式后，被证明符合四色定理的地图上的国家数量也越来越多。特别是美国西弗吉尼亚州的克拉伦斯·雷诺兹（Clarence Reynolds），他在 1926 年证明了对所有不多于 27 个国家的地图而言，四种颜色就够了。富兰克林在 1938 年将这个数提高到了 31，开罗埃及大学的 C. E. 温（C. E. Winn）在两年后将其提高到 35，在此后的 25 年里，这个纪录一直没有被刷新。自此，从 1852 年德·摩根那封最早的信算起的近百年后，人们证明了不多于 35 个国家的地图都能只用四种颜色着色。但前路依然漫长。

让我们通过一个事实来结束对可约构形的讨论：上面提到的这

些概念，更早以前就在一个看似不太可能的地方出现过。就像许多人一样，法国作家、诗人保罗·瓦莱里（Paul Valéry）也痴迷于四色问题，人们后来发现他 1902 年的日记中就包含了大量日后由伯克霍夫、富兰克林和温发现的构形。

为"菱形"着色

这一节将通过证明一种由四个五边形组成的"菱形"（伯克霍夫菱形）是可约的（因此它不可能出现在最小反例中），来说明伯克霍夫的方法。

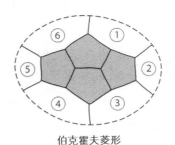

伯克霍夫菱形

先假设存在一个包含伯克霍夫菱形的最小反例。去掉这个菱形后的新地图，国家数量将变少。设想这幅新地图可以用四种颜色完成着色，并试着将着色扩展到菱形中的五边形。

将围住菱形的国家记为 1、2、3、4、5、6，如上图所示，那么如果用红（r）、绿（g）、蓝（b）、黄（y）四种颜色为其着色，会有 31 种本质上不同的方案。这些方案如下页表所示（星号的含义在后面会做说明）。

rgrgrg	*rgrbrg**	*rgrbgy**	*rgbrgy*	*rgbryb*	*rgbgbg**	*rgbyrg*	*rgbygy**
*rgrgrb**	*rgrbrb*	*rgrbyg**	*rgbrbg**	*rgbgrg**	*rgbgby*	*rgbyrb*	*rgbybg**
rgrgbg	*rgrbry*	*rgrbyb**	*rgbrby*	*rgbgrb**	*rgbgyg*	*rgbyry**	*rgbyby**
*rgrgby**	*rgrbgb**	*rgrbgb*	*rgbryg*	*rgbgry**	*rgbgyb*	*rgbygb*	

请注意，方案中不包括诸如 *rgygbr* 这类，因为其中两个红色国家是邻接的；也不会包括类似 *rgrgry* 这种，因为它本质上与 *rgrgrb* 相同（最后只需将黄色改为蓝色）。

考虑 *rgrgrb* 方案。如下图所示，这种情况可以直接将着色扩展到菱形上，因此，它被称为良好的配色。同样地，所有标星号的着色方案都属于良好的配色。你可以选其中的几个试试看。

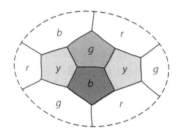

然而，*rgrbrb* 就不是良好的配色，但是用肯普链换色法将红黄互换（或者将蓝绿互换），可以把它转换成三种良好的配色（*rgrgrb*、*rgrbrg* 或 *rgrbyb*）中的一种。例如，如果有一条红－黄链（*r−y*）连接了国家3和5，那么只需要将包含国家4的蓝－绿链颜色互换，就可以把国家4改为绿色。类似地，如果有一条红－黄链连接了国家1和5，那么只需要将包含国家6的蓝－绿链颜色互换，就可以

把国家 6 改为绿色。但是，如果国家 3 和 5 或国家 1 和 5 之间不是红 – 黄链连接的，那么就需要将包含国家 5 的红 – 黄链颜色互换，使得国家 5 变为黄色。（这三种情况如下图所示。）所以，*rgrbrb* 可以转换为良好的配色。

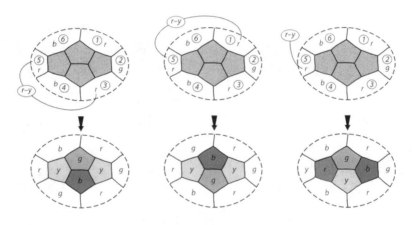

rgrbry 也不是良好的配色，但是用肯普链换色法将红绿互换（或蓝黄互换），可以把它转换成 *rgrbgy*（属于良好配色）或 *rgrbrb*（即上面那种可以转换为良好配色的方案）。这是因为，如果有一条蓝 – 黄链（*b-y*）连接了国家 4 和 6，那么可以将包含国家 5 的红 – 绿链颜色互换，使得国家 5 变为绿色。但是，如果国家 4 和 6 之间不是蓝 – 黄连接的，那么就需要将包含国家 6 的蓝 – 黄链颜色互换，使得国家 6 变为蓝色。（这两种情况如下页上图所示。）所以，*rgrbry* 也可以转换为良好的配色。

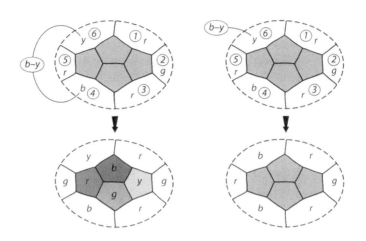

于是，31 种可能的着色方案要么本身就是良好的配色，要么可以通过肯普链换色法转换为良好的配色。因此，围住菱形的国家的所有 31 种着色都可以扩展到菱形上，即伯克霍夫菱形是可约的。

其实并不需要考虑所有 31 种着色方案。如果在地图上去掉五条边界线，将地图修改为如下图所示，由于新地图上的国家数量更少，所以它能用四种颜色完成着色。

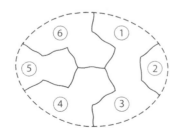

这种修改等价于将所有国家 1 和 3 具有不同颜色的情况，以及国家 4 和 6 具有相同颜色的情况排除在外了，其效果等于将 31 种着色方案减少为 *rgrgrb*、*rgrgby*、*rgrbrg*、*rgrbgy*、*rgrbyg* 和 *rgrbry*。如前所述，它们中的前五种是良好的配色，最后一种可以转换为良好的配色。因此，可以用四种颜色对新地图完成着色。于是该构形可约。

海因里希·黑施将所有着色方案都是良好的配色或可以通过肯普链换色法转换为良好的配色的环形，称为 D 可约构形。因此，肯普证明了二边形、三边形、四边形都是 D 可约构形，并且如前所述，伯克霍夫菱形也是 D 可约构形。黑施还将那些通过一些改造可以被证明是可约的构形（如前文图示），称为 C 可约构形。D 可约构形和 C 可约构形的概念将在后三章继续出现。

有多少种方案

伯克霍夫曾发现，几乎所有伟大的数学家都在不同时期研究过四色问题，他与 D. C. 刘易斯（D. C. Lewis）合写过一篇关于地图着色问题研究的论文，这篇在伯克霍夫死后发表的长达 97 页的论文，是他最后一批文章中的一篇。他在文中将此前所有的研究方法分为两类——定性方法和定量方法。

定性方法的目标是证明某种类型的所有地图都能用四种颜色完成着色。肯普链在这种方法中扮演了重要的角色。我们可以认为由伯克霍夫、富兰克林、埃雷拉、雷诺兹和温发现的可约构形是这种方法中的成功代表。

　　在定量方法中，我们选取任意多种颜色，然后找到用这些颜色为给定的地图完成着色的方案有多少种。要达成的目标是，如果只有四种颜色，那么可以为地图着色的方案数是正的。伯克霍夫提出这个方法时还在普林斯顿大学，这篇有着重大影响的论文发表在 1912 年（也就是他发表关于可约构形和伯克霍夫菱形的论文前一年）的《数学年刊》上。

　　以下面这幅简单的地图为例，来看看什么是定量方法。

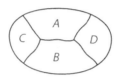

　　伯克霍夫定义颜色数量为 λ，在这里 λ 大于 2。国家 A 可以从 λ 种颜色中任意选取一种。国家 B 与国家 A 邻接，因此接下来国家 B 只能从 $\lambda-1$ 种颜色中选取。最后，由于国家 C 和 D 不邻接，但它们又与国家 A 和 B 都邻接，所以它们只能从剩下的 $\lambda-2$ 种颜色中选取。最后得到这幅地图的着色方案总数为

$$\lambda \times (\lambda-1) \times (\lambda-2)^2$$

　　例如：如果用 4 种颜色（$\lambda=4$），那么这幅地图的着色方案总数是 $4 \times 3 \times 2^2 = 48$；如果可以用 10 种颜色（$\lambda=10$），那么着色方案总数将是 $10 \times 9 \times 8^2 = 5760$。

　　伯克霍夫用 $P(\lambda)$ 来表示用 λ 种颜色为一幅地图着色的方案总数。因此，对前面的例子而言

$$P(\lambda)=\lambda\times(\lambda-1)\times(\lambda-2)^2$$

展开后得到

$$P(\lambda)=\lambda^4-5\lambda^3+8\lambda^2-4\lambda$$

用 $\lambda=4$ 代入进行检验，得到

$$P(4)=4^4-(5\times4^3)+(8\times4^2)-(4\times4)=256-(5\times64)+(8\times16)-16=48$$

这个结果与之前计算的一样。

　　这个包含 λ 的不同幂次的表达式 $P(\lambda)$，被称为关于 λ 的多项式，而这些幂次项前的数 1、−5、8 和 −4，被称为幂次项的系数。伯克霍夫证明，用 λ 种颜色对任意地图着色的方案总数，总是一个关于 λ 的多项式，他称其为地图的色多项式，多项式中的系数由地图的特征决定。如果一幅地图的 $P(4)$ 是正数，那么它可以用四种颜色完成着色。

　　伯克霍夫证明的另一个结论，是由他哈佛大学的博士生哈斯勒·惠特尼指出的。如果考察这个色多项式的系数 1、−5、8 和 −4，可以注意到这些系数的符号是正负交替的。可以证明情况总是如此。

　　　　对任意地图而言，色多项式系数的符号是正负交替的。

　　惠特尼在 1930 年 10 月 25 日递交美国数学学会的一篇文章里证明了这个结论，并将它与地图的特征联系到了一起。

　　伯克霍夫一直希望可以通过研究色多项式 $P(\lambda)$ 的特性来解决四色问题。为此他写了四篇论文，其中包括前面提到的那篇与刘易

斯合写的技术性非常强的长文。他取得的这些结论里，有一个不等式：

$$P(\lambda) \geq \lambda \times (\lambda-1) \times (\lambda-2) \times (\lambda-3)^{n-3}$$

对于有 n 个国家的任意地图而言，这个不等式中的 λ 只要是正整数，不等式都能成立，除非 λ 等于 4。当 λ 等于 4 时，倘若他也能证明不等式成立，那么就可以得到一个正数，即

$$P(4) \geq 4 \times 3 \times 2 \times 1^{n-3} = 24$$

这样，他就能由此证明所有地图都能用四种颜色完成着色（事实上，会有至少 24 种方案），从而解决四色问题。

伯克霍夫逝世后，色多项式方面涌现了许多更为深入的研究。通过计算大量的地图，人们详尽地研究了多项式的细节。我们用比尔·图特和同事在 20 世纪 60 年代末发现的那个令人意想不到的结论来结束本章。

如果一幅地图非常大，那么几乎必定需要四种颜色才能完成着色。这意味着它不能只用一种、两种或者三种颜色，因此，$P(1)$、$P(2)$ 和 $P(3)$ 都等于 0，而 $P(4)$ 则大于 0。那么，除了 1、2 和 3 之外，是否还存在数 x，有 $P(x)=0$ 呢？如果存在这样的数，那么研究它们，可能会使我们对色多项式的总体状况有所洞见。

图特的结论与黄金分割比有关，即 $\frac{1+\sqrt{5}}{2}$。这个数在数学领域有时候用希腊字母 τ 表示。它是正五边形的对角线和边的比值，长宽具有这样比值的"黄金矩形"常常被认为是最令人满意的形

状——既不太瘦也不太胖（见下图）。

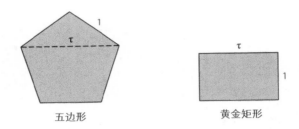

五边形　　　　　　　　　黄金矩形

黄金分割比 τ 在数值上有一些有趣的性质。例如，如果计算它的倒数和平方数，得到的小数部分是完全相同的。

$$\tau = 1.618\,034\cdots, \quad \frac{1}{\tau} = 0.618\,034\cdots, \quad \tau^2 = 2.618\,034\cdots$$

这些结果很容易从二次方程 $x^2 = x + 1$ 求解得到，该方程的解分别是 τ 和 $\frac{1}{\tau}$。

1969 年，杰拉尔德·伯曼（Gerald Berman）和比尔·图特发现，对非常大的三次地图而言，当 $x = \tau^2$ 时，色多项式 $P(x)$ 的值非常接近于 0，通常小数部分前几位都是 0。在接下来的几年里，这个观察结果在理论上得到了支持，图特证明，当 $x = \tau^2$，n 为地图上的国家数时，$P(x)$ 的值不会大于 τ^{5-n}。例如，对一个有 20 个国家的三次地图，$P(\tau^2)$ 不会超过 $\tau^{5-20} = \tau^{-15}$，约为 0.0007；对于有 30 个国家的三次地图，$P(\tau^2)$ 不会超过 $\tau^{5-30} = \tau^{-25}$，约为 0.000 006。此后四十年，人们还是不清楚这些结论对四色问题而言有什么意义。

第9章

新的黎明

到 20 世纪中期，人们在解决四色问题方面取得了很大进展。其间，只有三篇关于构形的不可避免集的论文发表，它们分别来自韦尼克（1904）、富兰克林（1922）及勒贝格（1940），但是，在伯克霍夫所做工作的基础上，人们发现了大量的可约构形。而且，如第 8 章所述，富兰克林、温等人证明了如果四色定理不成立，那么它的最小反例一定是非常复杂的，并且包含国家数量要大于 35 个。

与此同时，与四色问题紧密相关的图论领域出现了大量论文，这个"研究对象之间关联"的学科是由肯普和泰特开创，随后由惠特尼等人发展起来的。图论巨大的重要性在其应用中得到了证明，尤其是在 20 世纪 50 年代，它使一大批网络问题取得了进展。许多数学家被它吸引，将其作为一个感兴趣的领域进行研究，并出现了许多重要的经典著作。这些著作包括第一本研究图论的重要作品——德奈什·柯尼希（Dénes König）的《有限图和无限图理论》（1936），以及稍晚一些的图论教材，如法国有克洛德·贝尔热（Claude Berge）编写的，美国则有厄于斯泰因·奥尔（Oystein Ore）、罗伯特·布扎克（Robert Busacker）和托马斯·萨蒂（Thomas Saaty）、弗兰克·哈拉里（Frank Harary）编写的。

20 世纪 60 年代，人们在地图着色方面取得的成果也是激动人心的。1967 年，第一本专门论述地图着色问题的重要作品——既权威又有影响力的《四色问题》出版，作者是厄于斯泰因·奥尔。次年，奥尔和他的研究生乔尔·斯坦普尔（Joel Stemple）推广了早先富兰克林和温来证明"所有包含不超过 40 个国家的地图都能用四种颜色完成着色"的方法。由于需要考虑太多的特殊情况，他们证明的完整细节无法发表，只能存放在耶鲁大学数学系的图书馆里。（当概括性的证明最终完成时，它仍然被评为不能完全出版。）

甜甜圈和交警

在这一时期，最成功的莫过于德国人格哈德·林格尔和美国人特德·扬斯（Ted Youngs）在 1968 年证明了希伍德猜想。我们在第 7 章曾经说过，珀西·希伍德证明了所有画在 h 孔环面上的地图都能用 $H(h) = \left[\frac{1}{2}\left(7 + \sqrt{48h}\right)\right]$（其中，$h$ 为正整数）种颜色完成着色，但没有证明所有 h 孔环面上的地图都恰好需要这么多颜色。格哈德·林格尔后来揶揄道：

> 1890 年，P. J. 希伍德发表了一个被他称为地图着色定理的公式，但他遗漏了证明。因此，数学界称其为希伍德猜想。1968 年，这个公式被证明了，因此被再度称为地图着色定理。

特德·扬斯（左）和格哈德·林格尔（右），1968

　　这个证明是名副其实的杰作。就像默比乌斯的五位王子问题等价于用不相交的道路将五座宫殿相连的问题（见第 2 章）一样，洛塔尔·黑夫特尔在 1891 年指出，希伍德猜想等价于在确定孔数的环面上，用不相交的线将 n 个点连接起来的问题。这一确定的孔数与分数 $\frac{1}{12}$ 有关，而分母 12 被证明是具有重大意义的：事实上，希伍德猜想的最终证明，根据 n 除以 12 的余数被分成了 12 组完全独立的情况。

　　到 1967 年夏天，除了三种情况以外，所有的问题都已得到解决。接着，扬斯邀请林格尔于 1967—1968 学年到美国加利福尼亚州为此工作。他们奋战了数月后，终于完成了全部证明。真是一件大喜事！

　　解决地图着色问题有时会带来意想不到的好处。在希伍德猜想被证明的消息公布后不久，有一次，林格尔夫人在加利福尼亚州的高速公路上开车时，因一个小小的交通违规而被交警拦下。当交警发现肇事者姓林格尔时，便问道："你丈夫是解决希伍德猜想的那个人吗？"林格尔夫人惊讶地承认了此事，而交警则仅仅适当地做出警告后就放她走了。很巧，在希伍德猜想的证明公布时，这位交警的儿子正在上扬斯的微积分课。

在结束希伍德猜想这个话题前，需要提一下，假设希伍德公式中的 h 等于 0，那么就能得到"没有洞的环面"，即球面上的地图所需颜色数量的正确解：

$$H(0) = \left\lceil \frac{1}{2}\left(7 + \sqrt{1}\right) \right\rceil = [4] = 4$$

令人遗憾的是，因为 h 的取值是正整数，所以我们并不能从希伍德猜想的证明中推导出四色定理。

海因里希·黑施

在 20 世纪 60 年代，大量关于四色问题的工作依然是零零碎碎的。在很大程度上，试图寻找不可避免集和可约构形是各自独立的工作，对同步搜索可约构形的不可避免集这一"圣杯"的探索尚未取得任何成果。海因里希·黑施是推动这类搜索的功臣，他的工作为肯尼思·阿佩尔和沃尔夫冈·哈肯在 20 世纪 70 年代最终解决四色问题铺平了道路。

海因里希·黑施（1906—1995）

　　黑施在数学界的早期成绩很辉煌。在德国慕尼黑完成数学和音乐学业后，他又凭借立体几何中的对称问题的研究论文，在瑞士苏黎世大学取得了数学博士学位。随后他移居德国格丁根，并成为魏尔的助手，研究晶体的几何特性。格丁根是著名数学家达维德·希尔伯特（David Hilbert）、理查德·库朗（Richard Courant）和赫尔曼·魏尔（Hermann Weyl）的故乡。在那里，黑施因协助解决了一个著名的希尔伯特问题而闻名。

　　1900 年，作为可能是当时最伟大的数学家，希尔伯特在法国巴黎召开的第二届国际数学家大会上做了一个报告，提出了 23 个希望能在 20 世纪得到解决的数学问题。至今，它们中的一部分已得到了解决，余下的尚无定论。作为在数学界非主流的四色问题，并没有包含在这 23 个问题中。而规则密铺问题（研究特定图形在平面上密铺的结构）则是希尔伯特第 18 个问题的一部分。根据问题的要求，黑施通过构造许多能够对平面实现密铺的形状，在 1932 年解决了这个问题。后来，其中的一个形状被用在了格丁根的图书馆天花板上。

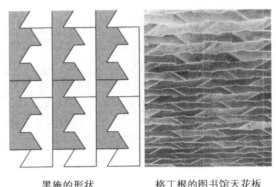

黑施的形状 格丁根的图书馆天花板

与其他德国专业学者和知识分子一样，20 世纪 30 年代中期对黑施来说很艰难。他反对纳粹主义，尤其反对将有志气的教授投入纳粹劳改营。不久，他自己也失去了在大学的工作。在接下来的二十年里，黑施在多所学校里教授数学和音乐，在继续研究数学的同时解决与密铺有关的工业问题。最后，他在汉诺威工业大学谋得了一个教职。

大约在 1935 年，黑施开始对四色问题产生兴趣。他的一个朋友恩斯特·维特（Ernst Witt）认为自己找到了一个解决四色问题的方法，于是他们二人打算拜访理查德·库朗并告诉他那个方法。库朗当时正打算坐火车去柏林，于是黑施和维特便买了火车票陪他一起前往。然而，库朗并不相信证明是正确的，他们只好悻悻然坐火车回格丁根。在回去的路上，黑施在维特的证明里发现了一处错误。

在研究四色问题的过程中，黑施逐渐相信寻找可约构形的不可避免集才是正确方法。不过，他担心这样的集合会非常大——可能会包含一万种构形。

为了处理不可避免集，黑施发明了放电法（见第 8 章）。他还摸索出一个神秘的诀窍，只需稍微看一下构形就能以 80% 的准确率来判断它是不是可约。沃尔夫冈·哈肯后来说：

> 这种事情太让我佩服了，黑施只要看一下构形，便会说："不行，这不可能，它不是可约的。"或者说："不过这个嘛，毫无疑问它是可约的。"然后我就问他："你是怎么知道的？你凭什么这么说？"他回答说："好吧，我需要用计算机算两个小时……"

沃尔夫冈·哈肯

20 世纪 40 年代末，黑施在汉堡大学和他的家乡（德国石勒苏益格－荷尔斯泰因州的基尔）举办的讲座上公开了自己的发现。在这些讲座中，黑施详细说明，他相信存在一个包含很多可约构形的不可避免集，但该集合中的构形的规模应该不会特别大。

有一位学生聆听了 1948 年黑施在基尔大学的讲座，那人就是年轻的沃尔夫冈·哈肯。哈肯作为基尔大学有史以来最年轻的学生，在这所大学里学习数学、哲学和物理学。哈肯回想起黑施的演讲，其中多数内容他在当时并不太懂，只记得黑施提到可能有 10 000 种构形需要研究，而其中的 500 种已经以大约每天一个的速度被检验过了。黑施似乎对剩下的 9500 种构形很乐观。

在基尔大学举办的那些讲座里，哈肯认为最令人兴奋的是由唯一的数学教授卡尔·海因里希·魏泽（Karl Heinrich Weise）主讲的拓扑学讲座——此人也研究过四色问题。魏泽在这些讲座上介绍了三个长期没有解决的问题。第一个是纽结问题，即在三维空间里判断一条缠绕的绳子是否打结。比如在下图中，第一种缠绕的绳子是没有结的，而第二种则总会有结。

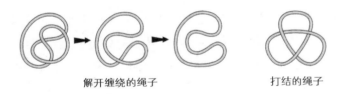

解开缠绕的绳子　　　　　　　　打结的绳子

第二个问题是庞加莱猜想，它研究四维空间中球面的分类问题。这个猜想直到 2002 年才被格里戈里·佩雷尔曼（Grigory Perelman）最终解决。第三个问题就是四色问题。

就像大卫遇到歌利亚[①]一样，哈肯对这三个问题都进行了研究，并且对每个问题都采用了"其他人早已放弃了的非常基本的方法"。第一个"歌利亚"被他杀了；第二个遭到他强有力的攻击，虽然被攻克了 99%，却没有倒下；而与第三个"歌利亚"战斗数年之后，我们在第 10 章将看到，他最终把"投石器上的石头"换成

---

① 歌利亚是西方传说中著名的巨人，他力大无穷，别人遇到他都会退避三舍，不敢应战，但他最后被大卫投石击中后杀死。

了阿佩尔。

后来，魏泽教授指导了哈肯的博士论文，该论文主要研究的是三维拓扑，其中得到了关于纽结问题的一些局部结论。随后，哈肯成功地彻底解决了这个问题——这是一项了不起的成就，他于 1954 年在荷兰阿姆斯特丹召开的国际数学家大会上公布了这个结果。在那次大会上，人们力劝他写完论证的详细步骤。当时，由于基尔大学和其他大学都没有聘用他，所以他只好在德国慕尼黑的西门子公司（一家电气工程公司）从事物理学方面的工作。他在四年里抽时间写出了 200 页复杂的证明细节，然而最终证明的发表则是三年后的事情了。1961 年，它在《数学学报》上正式发表。

哈肯在纽结问题方面的工作给美国伊利诺伊大学厄巴纳 – 香槟分校的逻辑学家比尔·布恩（Bill Boone）留下了很深的印象，哈肯因此被邀请至伊利诺伊大学任客座教授。库尔特·哥德尔（Kurt Gödel）的不完全性定理，让布恩对四色问题进一步产生了兴趣。哥德尔不完全性定理于 1931 年发表，它告诉我们，任何数学系统，无论有多么复杂，总是存在一些用该系统无法解决的问题。因为此前尝试解决纽结问题和四色问题的方法总是失败，所以到了 20 世纪 50 年代，认为这两个问题都“无法解决”的情绪开始滋长，人们觉得，可能永远也搞不清这两个命题是否成立。结果，哈肯独立解决了第一个问题，和阿佩尔等人一起解决了第二个问题。

在到达伊利诺伊大学后不久，哈肯举办了几次关于其研究纽结问题的讲座。他用来解决数学问题的那套辛苦的方法让他的同事们感叹道：

数学家通常认为，当他们太深入森林时就很难再前进了。然而，此时的哈肯会拿出他的折叠小刀，一棵接着一棵地把拦路的树割倒。

在普林斯顿高等研究院度过数年之后，哈肯回到了伊利诺伊大学并取得了一个终身教职。在那里，他得以继续研究庞加莱猜想，这个猜想被他归并至 200 种需要考虑的情况。根据哈肯的回忆，他系统性地、辛勤地处理着这些情况，直至成功解决其中的 198 种。在他放弃这个问题转而研究四色问题之前，他花了 13 年时间研究这个"吃人"的问题的最后 2 种情况。

计算机登场

1967 年，哈肯与黑施取得了联系。哈肯根据在庞加莱猜想上的经验（他没有解决属于这个问题的 200 种情况中的 2 种），担心同样的情况可能在黑施处理他那 1 万种构形时已经发生，从而使他放弃研究。然而，事实并非如此，黑施仍然坚持着这项研究，而且，那时他已经引入放电法并发现了数千个可约构形。

黑施的目标是通过改进生成可约构形的方法，将伯克霍夫 1913 年论文里的概念"系统化"。他首先研究最简单的可约构形，也就是第 8 章中提到过的 D 可约构形，它是那种在成环的国家上采用的，使所有着色方案都能直接扩展或通过肯普链换色法扩展到环内国家的构形。他还引入了 C 可约构形的概念，它是那种通过一定方式的改造，将环上的配色方案减少到必须考虑的数量后，可以证明其可约的构形。如果一个构形不是 D 可约的，黑施时常能够发现该如何改造它，从而判断它是否是 C 可约的。就像在讨论伯克霍夫菱形时那样，用这个方法，他得以将问题涉及的配色方案的数量减少。

黑施研究可约构形所用的文件盒

哈肯邀请黑施到伊利诺伊大学做一次讲座，并提出一个问题：计算机是否有助于检验如此大量的构形？事实上，黑施早就想到了这个问题，他在 20 世纪 60 年代中期就得到过卡尔·迪雷（Karl Dürre）的帮助，后者是一名从事中学教学工作的汉诺威大学数学系毕业生。迪雷开发了一种高效的算法，用于测试 D 可约性，这种算法可以在计算机上实现，尽管可能需要运行很长时间。1965 年 11 月，迪雷在汉诺威大学的 CDC 1604A 计算机上用 ALGOL 60 语言编程，验证了伯克霍夫菱形是一种 D 可约构形。随后，他又验证了一些更复杂的 D 可约构形。

构形的复杂度由它所包含的环尺寸，也就是环绕构形的国家数决定。对于伯克霍夫菱形而言，环尺寸是 6，如第 8 章所述，对六国成环的情况而言，有 31 种完全不同的着色方案。

伯克霍夫菱形

不幸的是，随着环的不断变大，着色方案的数量增长得更快。环尺寸与着色方案数的关系如下。

环尺寸	6	7	8	9	10	11	12	13	14
着色方案数	31	91	274	820	2461	7381	22 144	64 430	199 291

例如，下图中的构形包括 8 个国家，其环尺寸为 14，但环上国家的配色方案却必须得考虑完全不同的 199 291 种。非正式的计算表明，可能需要检验环尺寸为 18 的构形才能解决四色问题，而这样的环的着色方案将超过 1600 万种。

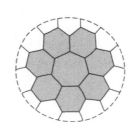

黑施和迪雷发现，随着环变大，分析构形所需要的时间也将飞快地增长。用他们的计算机，分析一个环尺寸为 12 的典型构形可能需要花 6 小时，一些环尺寸为 13 的构形花费的时间为 16 至 61 小时不等，而分析那些环尺寸为 14 的构形则会遥遥无期。实际上，他们估计验证全部 10 000 种情况，可能需要计算机计算 3000 至 50 000 小时，这对汉诺威大学的计算机（甚至当时的任何计算机）而言是不切实际的。

对于一个环尺寸为 14 的构形而言，储存环上的 14 个国家的颜色需要 28 比特，即用 2 比特来表征每个国家的颜色（00、01、10 或 11）。一个环尺寸为 14 的构形大约有 20 万种可能的着色方案，也就是说，每个这样的构形至少需要 500 万比特的存储空间。迪雷开发了一种绝妙的技术，使得每种着色方案只需要 1 比特，从而使得计算机对每个构形的整体计算时间缩短至 1/28——这个改进非常重要。尽管多数环尺寸为 14 的构形仍显得太大而无法处理，但是经由这种技术可以先检验许多稍小一些的构形了。

此时，数学家可以预见，只要用这个方法去解决四色问题都会很复杂。20 世纪 60 年代，美国威斯康星大学的爱德华·F. 穆尔（Edward F. Moore）发展了一种了不起的方法，它可以构造不包含已知可约构形的大型复杂地图，穆尔试图以此找到需要五种颜色的地图。下页图是他构造的一幅不包含环小于等于 11 的可约构形的地图局部，在这里，需将地图的左边和右边连接起来，使得顶部和底部的国家都是九边形。这样一幅地图的存在，表明了任意可约构形的不可避免集必须包含至少一个环大于等于 12 的可约构形。

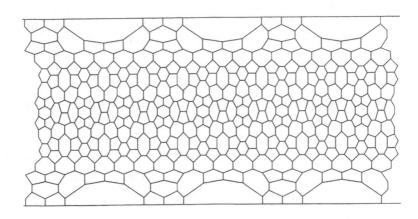

　　尽管环尺寸为 18 的构形可能是必需的，但阿佩尔和哈肯的解决方案将基于环小于等于 14 的构形。如果当时考虑的构形的环尺寸为 15，那么阿佩尔和哈肯就得花（比实际）更多的时间来解决这一问题。

　　那时候，几乎所有从事四色问题研究的人都使用由肯普发明的对偶变换法，将问题转换成为等价的图或连接上的顶点着色。（与黑施及其后继者不同，我们为了行文的连贯性，继续使用"地图"这一术语。）黑施设计了一种非常有用的标记，不久就被人们广泛使用，他用不同形状的点来表示每种顶点，使得它们很容易分辨。下面举个例子，里面包括黑施发明的四种符号，以及他的用法及其对应的国家构形。

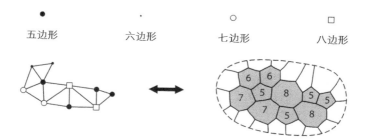

五边形   六边形   七边形   八边形

尽管黑施大范围地讲授他的工作，但他的成果一直没有正式发表。直到 1969 年，他才用德语完成了一部介绍他的放电法和其他许多成果的平装书。厄于斯泰因·奥尔在他 1967 年写的关于四色问题的书中，完全没有提及黑施的工作，这可能是因为他并不知道。不过，黑施很高兴从奥尔的书中了解到了一些他不知道的可约构形。

为马掌着色

事情不久后就变得很明确：汉诺威大学的计算机处理能力无法满足这项工作的需求。哈肯申请了伊利诺伊大学最新的大规模并行计算机 ILLIAC-IV 的计算资源，来尽力帮助黑施和迪雷。这台计算机当时近于完工，但尚未就绪。最后，该校计算机系的主管约翰·帕斯塔（John Pasta）把黑施和迪雷介绍给了他的朋友岛本义雄（Yoshio Shimamoto）——位于美国长岛阿普顿的原子能委员会布鲁克黑文实验室的计算机中心主管。该实验室拥有一台 CDC 6600，这是当时最强大的计算机。

很幸运，岛本义雄也是一位四色问题的爱好者，作为主管，他可以使用不超过 10% 的时间在计算机上做自己想做的事情。他

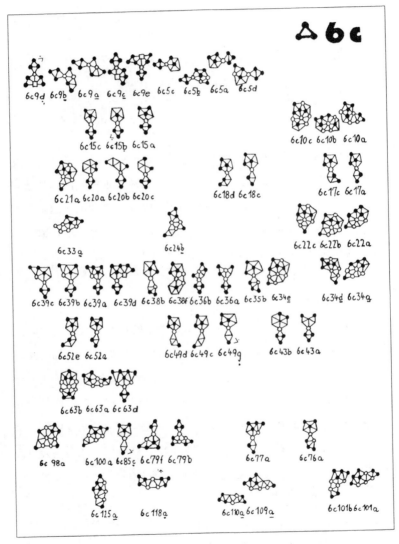

黑施的一页示意图

很支持黑施解决问题的方法，于是慷慨地邀请黑施和迪雷访问布鲁克黑文实验室，让他们在 CDC 6600 上继续检验构形的可约性。黑施为此做了两次长期访问，其中有一次在那里待了一年；而迪雷则留在那里差不多两年，他在那段时间里还完成了关于构形可约性的博士论文。

在布鲁克黑文实验室，迪雷首先得把他的程序从 ALGOL 60 语言转成 Fortran 语言，不过这项任务一经完成，工作就会快速推进。对这台计算机而言，一个有着 66 430 种着色方案、环尺寸为 13 的构形并不算太复杂，并且，它还首次实现了对环尺寸为 14 的构形的检验。最终，黑施和迪雷确认了环小于等于 14 的数千种构形是 D 可约的。

海因里希·黑施、岛本义雄和卡尔·迪雷（左起）在布鲁克黑文实验室

在研究的早期，迪雷在程序中发现了一个小漏洞，它使得原先的检验结果并不完全可靠。由于重新计算这样的构形要花费几小时，所以迪雷决定把这个工作放到以后去做。其间，他修复了那个漏洞，并在相关构形上标注了明显的警示，不过这些警示遗失了。

与此同时，岛本义雄用一个相关却又不同的方法，继续自己研究着四色问题。虽然看起来不太可能，但他证明了要是能找到一个具有一定特性的单一构形，并且这个构形是 D 可约的，那么就能证出四色定理：整个证明依赖于某个单一构形！

1971 年 9 月 30 日，这个被苦苦追寻的构形被岛本义雄意外地找到了。就像 19 世纪 80 年代的伦敦主教一样（见第 6 章），岛本义雄当时正在参加一场极其无聊的会议，于是他开始为地图着色。结果他构造出了一个环尺寸为 14 的构形，尽管这个构形看起来并不像马掌，但人们都称其为岛本马掌（如下图所示）。岛本义雄证明，如果这个马掌是 D 可约的，那么就能证明四色问题。

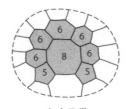

岛本马掌

会后，岛本义雄偶遇黑施和哈肯，二人当时正在访问布鲁克黑文实验室，并在去咖啡馆吃午餐的路上。黑施认出这个马掌构形是他的 D 可约构形中的一个。尽管岛本义雄明显很兴奋，但他还是很谨慎地请求重新检验这个构形的 D 可约性。迪雷从德国赶来进行重新检验，但原始的打印输出已不可用，整个任务得从头做起。

这个令人兴奋的消息不胫而走，关于岛本义雄证明方法的传言传遍了整个世界。马掌构形被发现后，由于在回伊利诺伊大学前要拜访普林斯顿高等研究院，哈肯便询问岛本义雄是否可以告诉人们这个结果。根据哈肯的说法，岛本义雄回复他"可以"。然而岛本义雄后来否认了这个说法，并且被哈肯的声明弄得相当恼火，他抱怨道：

> 许多人向我提出了潮水一般的问题，现在，我正怀疑在充分准备好论文之前，就让你在普林斯顿和厄巴纳①谈论这件事情是否明智。

结果，事情没能如愿。计算机第一次计算，在超过原来运行时间 1 小时之后，被按计划终止了。第二次运行的时间则更长。最后，在第三次尝试时，这台超快的计算机被允许运行整个周末，在经过如坐针毡的 26 小时艰苦计算后，马掌构形最终被认定为不是 D 可约的。虽然不能确定这个计算结果不是迪雷的那个漏洞造成的，但周遭一片失望是确定无疑的。

哈肯重新检验了岛本义雄的论证过程，发现它完全正确。当时最杰出的图论家哈斯勒·惠特尼和比尔·图特也详细分析了岛本义雄的方法，并在一篇权威长文的开头写道：

---

① 美国伊利诺伊州的一个城市。

1971 年 10 月，关于利用计算机证明了著名的四色问题的流言传遍了组合数学界……

随后，他们概括了证明方法：

假设四色猜想不成立，岛本义雄证明了必然存在不能着色的地图 M，其包含构形 H（马掌构形），这个构形已经过计算机的 D 可约性检验。于是，通过证明 H 的 D 可约性得到 M 是可以用四种颜色完成着色的，进而得到矛盾……证明如今已不依赖与此相关的几页推理，而由计算机承担了！

一直以来，惠特尼和图特认为，如果岛本义雄的证明有效，那么通过关注更小的地图 M 可以实现一个更为简单的证明，使得"这个更简单的证明会简单得让人难以相信它真的存在"。由于他们在岛本义雄的证明里没有发现关键性的缺陷，所以他们推测计算机的结果是错的。此外，他们证明了不仅马掌构形不是 D 可约的，所有用岛本义雄的方法构造的构形都不是 D 可约的。

四色问题好像又一次走进了死胡同。

第 10 章
成功啦！

　　尽管经历了马掌构形这段插曲，但人们还是有理由保持乐观。黑施解决四色问题的方法开始显现成效，在接下来的五年里，阿佩尔和哈肯将找出人们强烈渴望的可约构形的不可避免集。

　　在第 8 章中，我们曾经提到海因里希·黑施的放电法，这种方法设每个有 k 条边的图形电荷数为 $6-k$，从而使得每个五边形电荷数为 1，每个六边形电荷数为 0，而七边形、八边形等只有负电荷数。1970 年，黑施将一个最新的放电实验结果告诉哈肯，在这个实验中，他将每个五边形具有的正电荷都平均地分配到负电荷数的邻国。实验结果表明，如果将这种方法应用到一般地图上，在环尺寸不超过 18 的情况下，将会得到大约 8900 个"坏"构形，在这些构形中，仍然存在一些正电荷数的国家。这种被称为四色问题的有限化的方法，将问题缩减为只需要考虑这 8900 个构形，而黑施打算将它们一个个地解决。

　　然而，哈肯对仍然要处理那么多种构形深深地表示悲观，尤其其中一些构形其实相当大。那时，因为环尺寸为 11 的构形只有 7381 种着色方案，所以有一种简单的检验方法。但是，每当环增大 1，计算机差不多就要用 4 倍的时间来处理它，所需存储空间的增量也是如此。回想起复杂的环尺寸为 14 的马掌构形曾耗费大量计算时间，阿佩尔和哈肯后来评论道：

> 即使检验一个环尺寸为 14 的构形平均只需要 25 分钟，从环尺寸为 14 扩大到 18，时间将增加至 4 的 4 次方倍，这将使环尺寸为 18 的构形平均需要 100 多小时，而现在任何计算机所能提供的存储空间都无法满足需求。如果有 1000 个环尺寸为 18 的构形，那么计算时间总计将会超过 10 万小时，也就是说，在最快的计算机上要运行 11 年。

黑施与哈肯的合作

有一段时间，哈肯认为，如果能找到一个更好的放电法，四色问题的复杂度可以实质性地降低。通过研究不包含六边形和七边形的地图，他成功地找到了一种更简单的步骤。受此鼓舞，他将其推广到一般地图上，并将一些结果告诉了黑施。这些结果给黑施留下了深刻印象，于是他邀请哈肯与他一起工作。

1971 年，黑施将一些尚未发表的关于可约构形的成果告诉了哈肯。这些成果中包括三种可约障碍，它们看起来阻碍了构形的可约性。尽管从未证明包括这些障碍的构形就是不可约的，但的确也没有找到包括它们的可约构形，因此将它们排除在考虑范围之外似乎是合理的。不久，关于可约障碍的一般性研究，由惠特尼和图特在他们讨论岛本义雄的研究成果的论文里得到了发展，而哈佛大学的研究生瓦尔特·斯特伦奎斯特（Walter Stromquist）随后证明了黑施提出的障碍是最重要的三种。很快，斯特伦奎斯特凭借证明不多于51 个国家的地图符合四色定理，在地图着色领域声名鹊起。

黑施的三种可约障碍如下图所示。

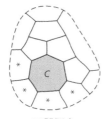

四腿国家

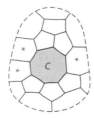

三腿连接国家

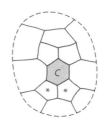

五边形 – 五边形悬空对

第一种是四腿国家：某个国家 C 与四个连在一起的国家（用星号表示）相邻接，同时，这四个国家都是环的一部分。第二种是三腿连接国家：国家 C 与三个不两两互邻的国家相邻接，同时，这三个国家都是环的一部分。第三种是五边形 – 五边形悬空对：有一对互邻的五边形与国家 C 相邻接，同时，它们都被环所包围。

但此时，哈肯正开始改变处理问题的方法。在人们一批又一批地检验出可约构形，通过整理将其纳入不可避免集的时候，哈肯的思路与其他人不同，他直接研究不可避免集（后来他与阿佩尔一起发展了这一思路）。这种集合只包含那些很可能可约的构形——确切地说，它们不包含可约障碍——这是为了避免浪费时间去检验那些最终并没有用的构形。那些随后被证明不可约的构形可以被单独处理。正如哈肯后来所评论的：

如果你想改进某样东西，那么你不应该去改进那些本来已经很好的部分。最薄弱的环节才是你需要去改进的。这是我们对于为什么这样选择，而没有采用其他方法的最简单的答复。

他明确地感到，花费大量宝贵的计算时间，去检验那些最终可能根本不会出现在不可避免集里的构形的可约性，是不合理的。

因此，从这一点上来看，哈肯选择了与其他人不同的方向，他更关注不可避免集，而将检验可约性的细节放到以后。黑施虽然开始对这些想法很有共鸣，但很快就开始反对"可能可约"这个概念。他们的合作关系很可能在研究马掌构形的那段时间里进一步恶化，而岛本义雄也有充分的理由决定拒绝继续合作。

回到德国后，黑施在获取必要的经费以使用强大的计算机方面遇到了巨大的困难。他的学术地位相对较低，影响甚微，所以筹措资金的结果并没有达到他的预期。根据岛本义雄的抱怨，可以清楚地看出来，毫无同情心的经费审查员几乎不懂四色问题或黑施的解决方法。

审查员的评审意见太过空洞，使它们几乎不可能得到应有的关注。很明显，他对这个问题一无所知，并且评论里充满了偏见，这人应该自己退出与四色问题有关的评审。我开始有点惊诧，基金会居然没有发觉应该无视他的评审。

肯尼思·阿佩尔

与此同时，几乎不懂计算机知识，也不能使用布鲁克黑文的计算机资源的哈肯，考虑将四色问题搁置几年，直至出现更强大、可以处理大量必要计算的计算机。他曾和计算机专家讨论过，专家们告诉他，程序无法实现他的想法。他在伊利诺伊大学举行的关于马掌构形事件的讲座上宣称：

> 计算机专家曾告诉我，按照那样的方式是无法实现的。不过，现在我正表示怀疑。我在想，不用计算机就不能工作的情况是需要改变的。

肯尼思·阿佩尔也参加了那次讲座。阿佩尔在美国密歇根大学因研究将数理逻辑应用于代数学的一些问题而获得博士学位，在此之前，他毕业于纽约的皇后学院。他也是一名有经验的程序员，曾在密歇根大学学习过计算机编程，并在道格拉斯飞行器公司的一次夏季实习中获得了更多计算机方面的经验。在普林斯顿的美国国防分析研究所工作了两年之后，他在伊利诺伊大学厄巴纳－香槟分校安顿了下来。阿佩尔的计算机技能的价值，在解决四色问题的过程中被证明是不可估量的。

那次讲座后，阿佩尔对哈肯说，他认为计算机专家在胡说八道——他们给出那样的意见，很可能只是因为不愿意将大量时间耗在一桩产出不确定的事情上。阿佩尔主动提出研究如何实现放电法，他说："我还不知道有什么与计算机有关的东西是不能做的，只不过有些耗时要长一些罢了，为什么我们不去尝试一下呢？"事有凑巧，哈肯的研究生托马斯·奥斯古德（Thomas Osgood）正好提交了他的博士论文，这篇关于四色问题的论文讨论了只包含五边形、六边形和八边形的地图。阿佩尔是奥斯古德论文评审组的成员之一，因此，合作的结果很可能对所有相关方都是有利的。

哈肯愉快地接受了阿佩尔的提议，把计算机方面的问题交给阿佩尔处理。他们决定把研究火力集中到不可避免集上，而不是花时间去判断构形是否可约。因此，他们更关注地理意义上的好构形——那些不包含黑施的前两种可约障碍，即不包含四腿国家和三腿连接国家的构形。它们可以很容易地被计算机鉴别出来，事实上，甚至手算都可以。只要构造出完整的集合，他们便可以检验这些构形的可约性。

他们采用另一种名为 $m-n$ 规则的估算方法来判断环内的构形是否可约：如果 n 是不存在可约障碍的构形的环尺寸，而 m 指环内国家的数量，那么在很大程度上，该构形的可约性可以由 n 和 m 的大小决定。具体而言，如果 m 大于 $(\frac{3}{2} \times n) - 6$，那么这个构形几乎可以肯定是可约的。例如，伯克霍夫菱形的环尺寸为 6，环内国家的数量为 4，而 4 大于 $(\frac{3}{2} \times 6) - 6 = 3$。相反，岛本马掌的环尺寸为 14，环内国家的数量为 8，而 8 小于 $(\frac{3}{2} \times 14) - 6 = 15$，所以不可约。

进入正题

1972 年底，在阿佩尔和哈肯开始这项工作的时候，他们并不清楚结果将会如何。阿佩尔回忆道："我们以这样的思路开始工作，逐渐发现，我们在避免被无用或重复的数据所拖累方面，变得越来越有经验。"然而，他们的研究中，计算机初次运行的结果就已经提供了许多有用信息——尤其是合理规模（环小于等于 16）的地理意义上的好构形，在放电之后，绝大多数国家都趋于正电荷数。但是，计算机的输出结果过于庞大，其中有许多构形反复出现。如果要方便地管理最终结果，那么控制住重复是非常有必要的。很幸运，计算机只运行了几小时，阿佩尔和哈肯就意识到可以根据他们的需求不断尝试。

程序需要做的改动很容易实施，在一个月以后的第二轮运行时，成效就已经很明显了，输出文档的厚度大幅减小，最终被缩减到了不到 1 英寸 [①]。但是，随着问题的主要方面被解决，余下的细枝末节开始冒头。

从那时起，他们大约每两周就会修改放电算法或计算机程序，程序的不断完善使得输出结果进一步缩减。他们保持着与计算机之间的双向对话，每个问题被解决后，紧接着又会产生新的问题。通过六个月的实验和改进，他们证明了在合理的时间内，构造一个由数量有限的地理意义上的好构形所组成的不可避免集是切实可行的。

至此，他们开始改变目标。他们决定从理论上证明这个方法可以得到一个这样的不可避免集。为了达到目的，他们不得不归纳所有可能的情况，哪怕实际上那种情况并不太可能出现。证明比他们

---

① 1 英寸等于 2.54 厘米。

预期的要复杂得多，为此他们花了一年多时间。1974年的秋天，他们最终完成了一份长长的证明，说明了由地理意义上的好构形组成的不可避免集是存在的，同时附带了一个可以用于构造这种集合的方法。不久之后，瓦尔特·斯特伦奎斯特在他哈佛的博士论文中，就此类集合的存在，给出了一个更为简洁优雅的证明。

阿佩尔和哈肯接下来的任务是确定整个构造过程究竟有多复杂。他们决定从一个特殊情况入手——不包含两个相邻五边形的地图。它要比一般情况简单得多，只会生成一个在环尺寸小于等于16的情况下，包含47个地理意义上的好构形的集合，如下页图所示。这能让他们估算出整个问题所需的最长计算时间——可能只需要55倍于此。基于这个结论，他们决定继续。结果证明，他们的估计过于乐观了。

1975年初，他们引入了黑施的第三种可约障碍，即五边形–五边形悬空对。这不可避免地迫使他们进一步优化方法，但结果显示，只有将不可避免集的大小翻倍才能取得成功。他们还通过计算机程序来寻找环尺寸相对较小的构形集合。

此时，计算机开始"自己思考"。阿佩尔和哈肯后来回忆道：

> 它基于此前"学到"的各种技巧，给出了一些复杂的策略，这些解决方法常常要比我们尝试过的还好。因此，它开始教我们如何处理一些我们从未考虑过的情况。从某种意义上说，它在一些"智能"任务和机械任务方面，已经超越了创造它的人。

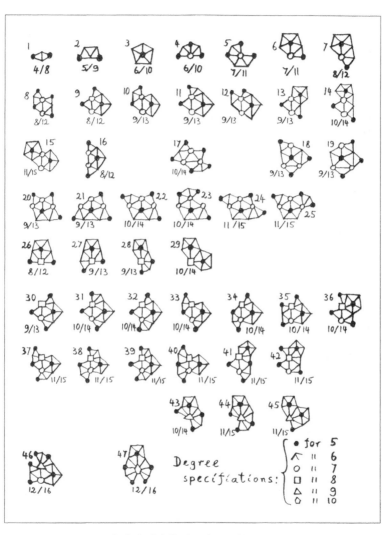

阿佩尔和哈肯的地理意义上的好构形

看起来阿佩尔和哈肯大有希望马上找到一个不包含可约障碍的不可避免集，即这个不可避免集很可能是可约的。是时候开始详尽地检验构形的可约性了。毫无疑问，在集合里总有一些比较难对付的可约构形，但是他们希望这些构形相对较少。此外，有的构形的环尺寸可能超过 16，而有的还可能会有别的麻烦，于是他们认为必须寻找一些捷径。

1974 年年中，阿佩尔和哈肯就意识到在判定可约性的程序方面需要得到帮助。阿佩尔到伊利诺伊大学计算机科学系询问是否有研究生对写一篇与这类编程有关的论文感兴趣。恰巧，有一篇杂志文章提到约翰·科克（John Koch）通过数年的研究，解决了论文中的难点，并且开始寻找新的研究方向。科克的论文已经开题，因此它的完成并不依赖于阿佩尔和哈肯解决四色问题的结果。

科克主要研究环尺寸为 11 的 C 可约构形。我们在讨论伯克霍夫菱形时曾说过（见第 8 章），C 可约构形是一种通过一定的改造，可以更容易地证明其可约的构形，但改造它的方法却不总是那么显而易见。阿佩尔和哈肯对两种相对容易实现的改造方法特别感兴趣，而科克则发现，90% 环尺寸为 11 的构形都属于这两种类型。如果要处理剩余的 10%，则需复杂的编程，而且效果也不见得好，因此，他们决定只关注那些简单的改造方法。科克设计了一种简洁高效的方法来检验环尺寸为 11 的构形的 C 可约性，阿佩尔随即将该方法拓展到环尺寸为 12、13 和 14 的构形。

约翰·科克和他的妻子米米（Mimi）一起展示他的博士学位证书

肯尼思·阿佩尔（左）和沃尔夫冈·哈肯一起讨论他们的解决方案

1975 年末，他们对放电法的研究陷入了困境。他们必须得在结构上做出调整，因此程序也要做大改动。问题在于，当试着将五边形上的电荷分散到每个与它直接相邻的国家时，他们常常在处理零电荷数的六边形时遇到麻烦。对哈肯而言，度假只是意味着换个地方在一天里花上 23 小时来研究数学。当他漫步在美国佛罗里达州基韦斯特的海滩上，享受年度家庭假期时，他问自己：为什么五边形上的电荷不能"跳过"这些六边形？这样可以得到一个更为有效的处理方法。但这也让阿佩尔和哈肯进退维谷：他们应该从头开始重写程序，还是找一个变通的办法呢？由于前者是一项可怕的任务，他们选择了后者，手工完成放电法的最终版。这将不可避免地需要更多工作，但也让他们得以更方便地随需微调。最终结果是，这样做带来了许多改进，从而将所有构形的环尺寸限制在了 14 以内。

最后的冲刺

整个 1976 年的上半年，阿佩尔和哈肯都致力于放电法最终细节的研究，它将为他们算出可约构形的不可避免集。为此，他们找出会迫使他们进一步改变放电法的问题构形。每当他们找到这样的构形，他们就马上检验其可约性——这个过程通常都很快。这种工作模式可以让程序检验可约性与人工构造放电法同时进行。最终，他们采用了 487 条放电规则，需要手工检验大约 10 000 个与正电荷数国家相邻的国家，用计算机检验大约 2000 个构形。

可约构形似乎就像森林里的树一样随处可见，但阿佩尔一直不太确定……

> 如果你随便朝哪个方向开一枪,你总能射中一棵树……
> 不管你朝哪里看,那里总会有一棵树。但你还不能详细地
> 把森林描绘出来,正正经经地证明的确存在那么一棵树。
> 你总会担心朝某个特殊的方向开枪时,那里并没有树,导
> 致子弹穿出森林……我只是拿在森林里开枪打个比方。

由于检验某些稀奇古怪的构形的可约性有时候会花费大量时间,比如不可约的岛本马掌(耗时 26 小时),他们发现,人为地将计算时间在 IBM 370-158 计算机上限制到 90 分钟内,在 IBM 370-168 计算机上限制到 30 分钟内,会带来一定的便捷。如果一个构形不能在规定时间内得到可约的证明,那么检验将被强行终止,并开始对其他构形的检验——找到替代它的构形往往很容易。通过比较,他们估计如果要完整地检验一个相对复杂的构形的计算机计算结果,需要一个人每周工作 40 小时,这样持续 5 年。

在证明成功前的最后几个月里,计算机的计算强度非常之大,而阿佩尔、哈肯和科克则非常轻松。可能没有别的研究机构会给他们 1200 小时的计算机使用时间了,尤其是在没有人知道计算结果会是什么的情况下。但是伊利诺伊大学计算机中心自始至终都给予了大力支持,包括四色问题团队在内的一小群计算机用户被允许只要计算机没有执行任务,就能见缝插针地使用它们。他们还使用了芝加哥大学的计算机资源:程序被连夜送到芝加哥,第二天上午就能得到计算结果。

1976 年 3 月,大学的管理部门得到了一台更强的新计算机。哈

肯回忆，本地的官员开始质疑："为什么一个管理部门所需的计算机比科学家要的还强？"管理人员只好做出承诺："这样吧，分出一半的时间，或者只要我们没在用它，科学家们就能用。"因为阿佩尔似乎是唯一能够让这台机器正常运行的科学家，所以最开始他几乎独占了新计算机，他在复活节假期里得到了 50 小时的计算时间。大家都很满意：管理人员可以宣称计算机全天都能被更好地使用，而阿佩尔则得到了他所需的计算时间。

最终，新计算机强大到使所有的进度都要比预想的快，根据阿佩尔和哈肯自己的估计，这为他们在检验可约性方面节省了整整两年时间。与此同时，在哈肯的女儿多罗西娅（Dorothea）的帮助下，他们开始了为期数月紧张而又艰苦的工作，去研究那两千多个最终用来构成不可避免集的构形。

> 我们中的一个人负责写一部分，而另一人负责仔细审阅，检查它是否有错，把其中的错误挑出来让写的人注意，然后再由第三个人读第三遍。仔细审阅要比写作更费劲，因为越是快就越是累。对三个人而言，这是一项极为繁重的工作。

6 月底，在他们还没完全反应过来之前，整个工作突然就完成了。哈肯父女完成了对不可避免集的构造，阿佩尔在两天内完成了对最后一个构形的可约性检验。为了庆祝他们的成功，阿佩尔在系里的黑板上留下了一则公告[1]：

---

[1] 他写的是：以仔细检验为"模"（即经过仔细检验），看起来四种颜色就够了。

Modulo careful checking,
it appears that
four colors suffice

"四种颜色就够了"(four colors suffice)这个短语随后成了伊利诺伊大学数学系的邮戳标语。

FOUR COLORS
　　SUFFICE

与时间赛跑

剩下的工作就是对细节的检查,这项工作很快就完成了。由于没有预计到对可约性的检验会如此之快,阿佩尔还安排了在学术休假期间访问法国蒙彼利埃,在那里,他可以和让·马耶尔(Jean Mayer)一起工作。马耶尔是一位对地图着色问题充满激情的法国文学教授。阿佩尔预计 7 月底前往法国。"我们有五周时间,"他说道,"我们要么在五周内发布我们的研究结果,要么就只好再等上五个月了。"

时间的确非常紧迫:他们还不知道,还有一些地图着色问题的研究者也已经快完成证明了。在加拿大安大略的滑铁卢大学,弗兰克·阿莱尔(Frank Allaire)拥有大概是最好的可约性检验方法。这些方法源于马耶尔，而且用哈肯的话来说，"这些方法比黑施的要更胜一筹，比我们的也要好许多"。阿佩尔和哈肯知道阿莱尔有一个非常出众的方法，阿佩尔还曾经为了确认一个棘手的构形真的可约而写信给阿莱尔，这是他们唯一一次请求阿莱尔帮助。直到 1976 年，阿莱尔在可约性方面的研究比他们还要领先几个月，当时他预计在几个月内就能完成他的证明。

同时，在津巴布韦大学有一位化学家名叫特德·斯瓦特（Ted Swart），他是在非洲第一个用碳同位素完成年代测定的人。斯瓦特独立研究四色问题，并且也取得了巨大进展。他向《组合理论学报》投过一篇论文，并得到过执行主编比尔·图特（也在滑铁卢大学）的回复，大意是他和阿莱尔的方法非常相似。就在阿佩尔和哈肯的证明宣布之前，阿莱尔和斯瓦特整合了他们的结果并提交了一篇论文。这篇论文介绍了一种检验构形是否可约的算法，并列出了环小于等于 10 时的所有可约构形。

还有一些别的竞争者：哈佛大学的博士生瓦尔特·斯特伦奎斯特发展了一些更强大的新方法来处理四色问题，并且估计在一年内就能完成证明；而在第 8 章中提到的弗兰克·伯恩哈特也在可约性的论证方面取得了令人瞩目的成果。

尽管并没有人知道他们之间在完成证明方面的差距究竟有多少，阿佩尔和哈肯仍然觉得等上五个月的风险实在太大，更何况已经有传闻说他们几乎完成了证明。他们猜测阿莱尔用他先进的检验可约性的方法，已经在那方面领先于他们，但他们仍然对用十分之九的精力来处理不可避免集，用剩下十分之一的精力来处理可约

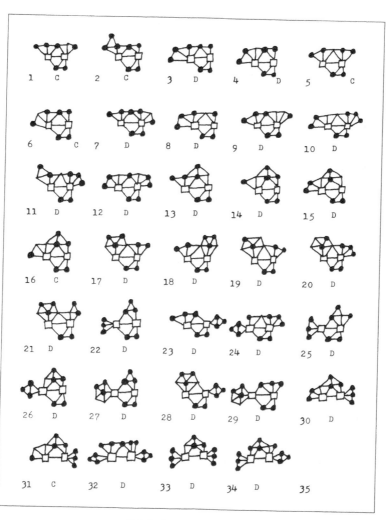

一些阿佩尔和哈肯的可约构形

构形的策略充满信心，这种有别于其他人的方法，可以让他们稍稍占优。

即便如此，他们也耽搁不起。在得到他们的五位孩子——他们分别是多罗西娅·哈肯、阿明·哈肯（Armin Harken）、劳雷尔·阿佩尔（Laurel Appel）、彼得·阿佩尔（Peter Appel）和安德鲁·阿佩尔（Andrew Appel）——的支持后，他们马不停蹄地开工了。他们希望，尽管检验会出现很多印刷错误，偶尔还需要替换一些坏构形，但不会有毁灭性的灾难。

劳雷尔·阿佩尔仔细检查了 700 页结果，平均每页都找到了一处错误，它们中的绝大多数都是印刷错误。除了其中 50 处，她自己就完成了这些错误的修订。阿佩尔随即用美国国庆节的周末重新计算了这 50 种情况，其中只有 12 种无法完成测试。这 12 种情况马上被 20 种新情况所替代，而在这 20 种新情况里，只有 2 种无法完成测试，于是需要做进一步的处理。后来哈肯评论道：

> 有人全职干了一个月，找到了 800 处错误。接下来，我们只用了五天就完成了补救。这看起来很可靠，应该说是一种不可思议的可靠性……

至此，阿佩尔和哈肯知道他们稳操胜券了。即便有些构形最终被证明不可约，但在整个系统中，已经有足够多可以自我修正的构形能够简单快速地把它们替换掉。不可能存在某一个会导致整个大厦崩塌的错误构形。更重要的是，因为他们能根据构形清单构造数百种可约构形的不可避免集，他们拥有的不是一种，而是数百种关于四色定理的证明！

现在，他们有了足够的信心，决定将其公之于众。1976 年 7 月 22 日，就在阿佩尔计划去法国的前几天，他们正式通知同行，并且向该领域的所有人发布了一份完整的预印本。在这些人里，有的和其他数学家有所接触，有的则做媒体评论工作。他们最不乐意听到的就是诸如"好吧，没人告诉我"之类的牢骚。

比尔·图特是收到预印本的人之一。两年前，他曾在发表于《美国科学家》杂志的文章里断言用现有方法的人都过于乐观，因为那些方法看起来绝不像是可行的。但当图特听到证明成功的新闻时，他把阿佩尔和哈肯的成就与杀死挪威海怪做起了比较，并畅谈道：

> 沃尔夫冈·哈肯
>
> 击败了挪威海怪，
>
> 一！二！三！四！
>
> 他宣布道："海怪再也没有了。"

当媒体采访图特时，他说："如果他们自称完成了证明，我一点都不怀疑。"

阿佩尔和哈肯非常高兴，因为像图特这样德高望重的数学家能如此之快地对他们的工作给予肯定。图特的认可对稳定人心大有帮助，如果他回应得不温不火，则可能会引起人们对证明的严重质疑。

余波

1976 年 7 月初，当黑板上的公告发布后，在伊利诺伊大学工作的伦敦《泰晤士报》特约通讯员安德鲁·奥尔托尼（Andrew Ortoni）询问阿佩尔和哈肯是否可以公布这一消息。他们请他等到检验完成之后再公布，但也承诺一旦他们准备好公布就马上告诉他。1976 年7 月 23 日，下面的报道如期出现在《泰晤士报》上。

> 两位美国数学家刚刚宣布证明了一个困扰数学界 100 多年的命题……他们今天公布的证明，包括 100 页的概述、100 页的细节描述，以及额外 700 页的补充材料。他们每人每周工作 40 小时，还用计算机计算了 1000 小时。他们的证明包含 10 000 幅图片，而计算机的输出结果摞在一起高达 4 英尺 [①]。

从日本的《朝日新闻》到德国的《新苏黎世报》，全球的其他报纸也都报道了这个事件，人们兴奋异常。《时代周刊》和《科学美国人》杂志刊载了证明，其中部分构形被《新科学》杂志当作封面。只有《纽约时报》似乎有不发表四色问题证明新闻的政策，"因为它们都是错的"。据阿佩尔说，9 月，美国数学学会会长李普曼·伯斯（Lipman Bers）联系了《纽约时报》。

> 伯斯说："好吧，你们一直没有发表过这样的东西。这份证明人们差不多都接受了。"报社的人回答道："是的，对我们来说，要发表一篇新闻报道已经太晚了。"然后他们又说，"你愿意写一篇文章吗？"于是伯斯在《泰晤士报》

---

① 4 英尺约等于 1.2 米。

上发表了一篇肯定证明并向我们表示祝贺的社论。

第3種郵便物認可

「四色問題」解決の意義

どんな地図でも４色で塗り分けられる

変わる証明の概念

電算機利用は不可欠に

四色問題の証明は、数学の専門家だけではなく、一般の数学ファンにとっても関心の深い問題になっていた。

「平面または球面上のすべての地図は四色で塗り分けられる」という問題は、いわれてみれば簡単に解けそうに思えた。数学者たちには簡単ではないらしいが、やってみると難しい。ある定理の真偽が、肯定も否定もされずに何百年も未解決でいることは数学上の大問題であるだけでなく、「数学者の専門から見て、一般人受けするテーマに、百三十年も取り組んでいる」という、それほど難しい数学をやさしく見せるし、素人受けするテーマに、という問題も含み、この問題を呼び起こしている。

（西村　幹夫記者）

一张报道了阿佩尔和哈肯的证明的日本报纸

1976 年 9 月，美国数学学会也发表了两页阿佩尔和哈肯的研究结果通告（出自他们的公告），阐述了证明的主要思路。

阿佩尔和哈肯决定把完整的证明稿投给《伊利诺伊数学学报》。这并不是因为他们觉得在本地发表的机会更大——如果他们的证明是对的，那么发表将没有悬念。几年前，由于他们曾在这份杂志上发表过一篇冗长而又夸夸其谈的文章，所以他们觉得欠《伊利诺伊数学学报》一个交代，应该让它享受发表这一著名问题的证明的荣誉。不过，他们想把文章发表在本地的更为主要的原因，是希望能有机会在审稿人人选方面提供建议。显然，对像这样的论文进行细致彻底的审稿，对所有人都好，无论是他们自己还是学报。

> 我们对《伊利诺伊数学学报》说："听着，如果这个证明是错的，那么我们和其他人一样，希望第一时间知道，你们可不能因为琐碎的原因拒稿。"

他们和学报编辑都认为，世界上最合适的审稿人安排是：由弗兰克·阿莱尔审阅可约性的部分，由让·马耶尔审阅放电法的论证。

在法国，阿佩尔的假期大部分时间是在蒙彼利埃度过的，他和让·马耶尔一起仔细地研究证明的细节，一步一个脚印地处理马耶尔提出的质疑和建议。1976 年 12 月回美国后，阿佩尔和哈肯根据评审们的建议，着手优化证明的细节并准备论文与出版用的相关缩微胶片。

可以想见，在阿佩尔和哈肯宣布他们的证明时，弗兰克·阿莱尔会有点沮丧，因为他自己也已经快完成证明了。并且，他和特德·斯瓦特已经有了一个更系统化的方法，他们认为阿佩尔和哈肯的方法是粗制滥造的，与他们的完全不一样。但是他很快就把自己的不悦放在一边，以大局为重，认真而富有建设性地评审起来。

首先，阿莱尔把他们的构形和他自己的做了比较，找到了许多相同之处。接着，他检验了那些不属于 D 可约的 C 可约构形。对每个这样的构形，可以计算外围的环上"好"的着色方案的数量——这些颜色可以直接扩展或通过肯普链换色法扩展到构形内部。对于环尺寸为 14 的 C 可约构形，在 199 291 种可能的着色方案里有约 50 000 种好方案。阿莱尔从中找了 400 个构形，并比较了他算出来的结果与阿佩尔和哈肯的结果之间的差别。结果每个构形的结果都完全一样。

海因里希·黑施同样对阿佩尔和哈肯率先完成证明感到心烦意乱——这并不出人意料，因为他们的方法很大程度上是基于他的，而解决四色问题是他四十多年来的目标。但后来，他也变得非常配合，把自己的 2669 个可约构形都发给了哈肯，同时还附上了关于好构形数量的参考数据。1977 年 9 月，就在论文出版前不久，人们发现了一些漏洞，这引起了阿佩尔和哈肯的警觉。不过，黑施重新计算了他的构形，并且很快就确认阿佩尔和哈肯的每种情况都是正确的。

阿佩尔和哈肯最终发表的论文比 1976 年那篇草草写成的文章有了很大的改进。事实上，他们发现预印本里有一些重复的构形。他们还发现有许多构形出现在了别的构形内，这类情况中，他们只需要把较大的那个剔除。通过去除这些冗余的构形，在发表时，他们将可约构形从原先的 1936 个减少到 1482 个。不过，他们认为，如果会使所需计算机计算时长显著增加，那么探索这个数究竟"可以有多小"并没有意义。正如阿佩尔指出的：

> 如果一个构形可以替换掉十二个构形，但是那一个构形需要花两小时，而那十二个只要五分钟，那么这种替换毫无意义。

阿佩尔和哈肯的证明被分成两部分刊登在了 1977 年 12 月的《伊利诺伊数学学报》上。第一部分是两人共同编写的"放电法"，它概述了证明的总体思路，介绍了如何用放电法构造不可避免集。第二部分"可约性"则加入了约翰·科克共同编写，它介绍了计算机上的具体实现方式，并列出了不可避免集里的所有可约构形。这两篇文章还附带了一份缩微胶片，里面包含 450 页其他图表和详细解释。

阿佩尔和哈肯最终实现了他们的目标：四色定理被证明了。

第 11 章

⋯⋯这算是证明吗

阿佩尔和哈肯关于四色定理的证明激起了人们的热情：124 年后，数学界著名问题之一被解决了。

但它也被质疑：

> 我们已经遇到这种情况很多次了——别忘了岛本马掌。

它也被全盘否定：

> 在我看来，这种解决方法根本谈不上是数学证明。

但更根本的是，很多人对它表示非常失望：

> 老天是不会让这个定理被这么糟糕的方法证明的！

一切都太迟了——老天已经让它发生了！

冷冷的反响

1976 年 8 月，美国数学学会和美国数学协会在加拿大多伦多大学联合召开了一个夏季会议，沃尔夫冈·哈肯是演讲者之一。在会议的报告中，唐纳德·阿伯斯（Donald Albers）描述了这样一个场景：

古老而雅致的演讲厅里挤满了热切渴望聆听哈肯教授的证明的数学家。看起来，这对宣布一项伟大的数学结论而言是一个完美的开场。接着，哈肯教授清晰地概括了他和他的同事设计的计算机辅助证明。最后他总结说："我本指望听众会给我满堂彩，结果，他们只是礼节性地拍了拍手。"

人们对哈肯的演讲反响不一。当时正访问滑铁卢大学的特德·斯瓦特参加了会议，他对哈肯演讲的质量表示了赞扬，他认为那阵掌声不只是表示礼貌。弗兰克·阿莱尔、弗兰克·伯恩哈特和比尔·图特也和他的观点一样。斯瓦特回忆道：

演讲结束后，两位弗兰克和我挤在一起，我们一致同意哈肯他们说的"我们完成了证明"。

许多人问他们对证明的看法。他们表示：

我们怎么认为？我们是否认为他们真的完成了证明？那么我只能告诉你，我们毫无疑问地认为他们完成了证明，毫无疑问。

但这绝不是主流反响。据阿伯斯回忆：

一批又一批的数学家表达了对计算机在一个证明里扮演重要角色的不安。他们被用计算机花一千多小时去检验大约十万种情况这一事实所困扰，时常提出（或许是期待）

在这几百页的计算机结果中可能有错误。除此之外，他们
还希望能找到更为简短的证明。

事实上，对于证明里计算机结果的态度，似乎在一定程度上与
年龄有关。哈肯的儿子阿明当时还是一位美国加州大学伯克利分校
的研究生，曾举办过一个关于四色问题及他在证明过程中的贡献的
讲座。最后，听众分成了两派：40 岁以上的人不相信由计算机给出
的证明会是正确的，而 40 岁以下的人不相信一份由人手工计算的
700 页证明会是正确的。

显然，阿佩尔和哈肯他们关于四色问题的证明在数学领域创造
了一些新东西。它是一个证明吗？如果是，我们怎么知道它是一个
证明？阿伯斯总结道：

> 看起来，阿佩尔、哈肯和科克通过计算机辅助解决著
> 名的四色问题的工作，可能会在数学历史上成为一个分水
> 岭。他们的工作非常成功地让我们不得不思考：如今，证
> 明是什么？

如今，证明是什么

人们始终关注着阿佩尔和哈肯的证明，尤其是计算机的使
用——至今依然如此。如果一个证明不能手工检验，那我们能认为
它是有效的吗？ 1979 年 2 月，哲学家托马斯·蒂莫奇科（Thomas
Tymoczko）在他为《哲学学报》写的题为《四色问题及其哲学意义》

的文章中提出了质疑。在文中，正如当时其他人写的那样，由于四色定理的证明大量地使用了计算机，他质疑这个证明的有效性。他完全接受阿佩尔和哈肯已经展示了对所有地图而言四种颜色就够了，但他觉得如果按过去理解的数学证明的标准来衡量，那算不上是一个证明。

根据蒂莫奇科的标准，一个有效的证明应该是既具有说服力又可审核的。对于前者，他没什么异议。

> 多数数学家都接受了四色定理，就我所知，还没有人提出反对意见。

而第二个标准则是他提出质疑的主要原因，他全力且详细地主张阿佩尔和哈肯的证明是不可审核的——人们不能检验它的所有细节。

> 没有数学家看到了四色定理的证明，也没有人看到存在一个证明的证明。而且，看起来今后也不会有数学家还能看到四色定理的证明了。

蒂莫奇科对用放电法来构造不可避免集并没有异议。人们曾手工用这种方法构造出构形的不可避免集，阿佩尔和哈肯也曾给出过一个全面而又严格的证明，说明该方法确实可以生成一个不可避免集。但是，没有数学家能检验证明的可约性部分，因为证明的细节全都在计算机里。没有任何计算机可以被认为是有效的证明方法——计算机是会出错的，它们可能发生故障或执行错误的程序，它们的结果可能会被误读，而且程序本身也可能并没有贯彻数学上的意图，岛本马掌事件就是计算机出错的一个例证。如果这种计算机"实验"可以被接受，数学将陷于沦为经验科学的险境，就像容易出错的物理学一样。蒂莫奇科总结道，如果人们认为阿佩尔和哈肯的证明是有效的，那么就不得不修改"证明"这一概念，将计算机实验作为一种确立数学结论的新方法。

蒂莫奇科的论文在《哲学学报》内外引发了一阵抗议。特德·斯瓦特就是被这些观点所激怒的人群的一员，他认为蒂莫奇科根本就是错的。他在几天内就写了一份长篇回复，并将其投到《哲学学报》，不过没有被录用。

> 不管是因为专业上的猜忌还是别的什么原因，编辑粗鲁地直接拒绝了文章，甚至都没给审稿人看过。幸好，我还给马丁·加德纳发了一份副本，而他立刻回复我说，如果这么好的文章都没能发表，那将是一场悲剧。他接着建议我将文章投给《美国数学月刊》，并表示他觉得我本就应该如此。

文章在数周之内就发表在了《美国数学月刊》上，几个月后，特德·斯瓦特因杰出的说明性写作而被美国数学协会授予"莱斯特·R.福特奖"。

在文章里，斯瓦特首先提到在得知阿佩尔、哈肯和科克关于可约性的研究成果时，那些研究如何判断可约性的专家都很高兴，因为他们原来必须在不同的计算机上用不同的可约性检验程序独立地检查大量构形。说到用计算机这个问题，他随后评论道：

> 在大多数情况下，我认为计算机辅助证明就是纸和笔的延伸。我不认为有什么分水岭可以把它们严格区分开而导致这种局面：好吧，你可以使用纸和笔，但不能用计算机，因为它会改变证明的性质。我自己看不出它们的区别。我觉得这种争论没有意义。

事实上，如果说斯瓦特对阿佩尔、哈肯的证明有什么疑问的话，也主要集中在放电法部分，而那一部分并没有用到计算机。

> 最终论文清单上的 1482 个不可避免构形，囊括了通过他们的放电法构造出的所有不可避免构形，检验它们并不是一件容易的事情。因此，哈肯和阿佩尔的证明在某种程度上存在一些不确定的可能。所以，蒂莫奇科说没有数学家"表示反对"肯定是不正确的。

随着数学证明变得越来越长，计算机的使用也越来越广泛，可审核性的问题带来了重重困难。计算机用途很广，我们可以理所当然地认为，计算机处理大量程式化的任务，相比于人类手工检验冗长而复杂的证明，抑或检验被分解为许多种特殊情况的证明，是一样可靠的。用特德·斯瓦特的话来说："人类疲劳时，注意力会不集中，很容易以千奇百怪的方式出错……然而计算机则不会疲倦。"为了说明这个差别，让我们看看数学中群论领域的两个著名证明。

1963 年，瓦尔特·法伊特（Walter Feit）和约翰·汤普森（John

Thompson）证明了一个著名的群论定理。他们发表的证明有超过250 页的集中论证，一开始里面有许多小错误，不过随后这些错误都得到了更正。尽管在这么长的证明里，人类出错的概率很大，但他们的证明通常会被数学家接受，这些人中的多数并未做过细致的研究：他们乐于信任那些已经彻底检验过它的人。在安德鲁·怀尔斯（Andrew Wiles）证明长期悬而未决的数论问题——费马大定理时，情况也大致相同。尽管今后有可能发现证明有错误（就像十一年后的肯普的证明），但至少当时人们认为它是对的。

在这里我们对比一下有限单群分类问题，它是 20 世纪 50 年代到 80 年代的一个主要研究领域。人们证明所有有限单群可以归为 18 种一般形式和 26 种特例。整个研究成果由数百位研究者的成千上万页论文组成，并且其中有一部分内容大量使用了计算机。丹尼尔·戈伦斯坦（Daniel Gorenstein）是分类工作的领导人之一，他在 1979 年写道：

> 在当前的语境下，是时候为"证明"的含义加上一些提示信息了，因为看起来给出一个绝对准确、只有数百页的清晰证明已经超越了人类的能力……不存在什么担保，人们必须正视这一现实。

尽管如此，多数数学家乐于认为有限单群分类问题已被全部证明，即便其中有些难点在戈伦斯坦提出上述建议的二十年后才得以完全攻克。在群论和图论领域，数学界对所谓"证明"的不同标准的确是一个很有趣的现象。

然而，阿佩尔和哈肯证明的遗留问题并不只有可审核性这一个。一些数学家直指证明不够透明。著名数学科普作家和传播者伊恩·斯图尔特（Ian Stewart）便是其中之一，他抱怨证明没有解释为什么定理是成立的。一方面，证明对所有人而言都太长，以致人们无法理解所有细节；另一方面，证明看起来毫无章法。

结论就像是一种奇怪的巧合。为什么存在一个可约构形的不可避免集？眼下最好的答案是：它就是存在的。证明如下：在这里，你自己看。数学家对隐藏结构的探索、寻找相关模式的愿望并没有实现。

丹尼尔·科恩（Daniel Cohen）的评论则更有说服力，他自己就是研究四色问题的。

程序对每种情况的分析仅限于处理过程是否成功结束，计算机的全部输出只是一系列的"成功"。必须对它与那种输出大量结果，其结果随后还能由人类来判断是否正确的程序予以区分……真正令人兴奋的数学是那种用纯粹的推理来使人理解为什么四种颜色就够了的。阿佩尔和哈肯引入计算机参与数学工作的闹剧让我们在智力上没有什么成就感。

几何学家 H. S. M. 考克斯特接受了这种必然性。

在我看来，它是与其他类型的定理不同的一类定理。

如果计算机证明已经被许多人检验，并得到令所有人满意的结果，那么我们就必须接受它。但是我认为，要把这个证明转化成一个人们认可的常规证明，是不太可能的。所以，它和其他所有定理都是不同的。

乔治·斯潘塞－布朗（George Spencer-Brown）从另一个角度出发，拒绝承认阿佩尔和哈肯证明了什么。

在他们冗长而又常常无关紧要的叙述所提供的证据里，读者无法检查他们到底说了些什么。他们所使用的方法可能可以，也可能不可以证明四色定理。现在可以确定的是，他们并没有证明……在他们发表的论文里既找不到证明，也没有任何看起来像是证明的东西。这是数学史上最荒唐的"皇帝的新装"般的闹剧……

让所有人意见统一的是，阿佩尔和哈肯的证明不能视作美丽和优雅的数学。英国数学家 G. H. 哈代（G. H. Hardy）的名著《一个数学家的辩白》里曾说过："丑陋的数学不可能永存。[1]"甚至阿佩尔在涉及自己的证明时也没有提出异议。

有人说："这是糟糕的数学，因为数学应该是清晰而优雅的。"我赞同这个观点。如果能有清晰而优雅的证明，那是再好不过了。

---

[1] 参见《一个数学家的辩白（双语版）》，人民邮电出版社，2020 年。

每个人都想看到一个不用计算机就能证明四色定理的方法，但这用阿佩尔和哈肯的解决思路几乎是行不通的，尤其是因为爱德华·F. 穆尔的例子说明任何可约构形的不可避免集必定包含环尺寸大于或等于 12 的构形（见第 9 章）。要想不用计算机完成证明，就得有新思路，但时至今日这样的思路还没有出现。

与此同时……

多伦多大学的会议后，哈肯在美国做了一次巡回讲座，解释证明的细节。阿佩尔在欧洲也做了类似的事情，他与让·马耶尔在法国举办了数次讲座。在此前的学术休假期间，他还在英国布里斯托大学举办了四次讲座。这些讲座对那些在场听众而言是有益且令人信服的，但其他英国人的看法则完全不同。

圣诞节前，斯潘塞－布朗在伦敦大学教育学院举办了一次讲座，讲座上他对阿佩尔和哈肯的解决方案提出了质疑。他指出，因为该方案的细节尚未发表，所以有理由认为它不能被当作一种证明。斯潘塞－布朗自己曾研究四色问题，直到 1964 年他开始写作《形式法则》。这是一本关于逻辑学的著作，他的朋友伯特兰·罗素（Bertrand Russell）在自传中曾多次提及这本书，称它为"天才之作"，"超凡脱俗"。阿佩尔和哈肯证明的出现，促使斯潘塞－布朗重回这一领域。为了得到一个不依赖于计算机的解决方案，他没日没夜地工作着。

至少对我而言，他的讲座似乎很奇怪。讲座收取报名费，许多媒体工作者喝着香槟出现在讲座前排，而剩下的听众则坐等着。斯潘塞－布朗提出的解决方案巧妙地改进了肯普链论证法：用到的颜色包括红色、蓝色、红蓝色（紫色）和非红非蓝色（白色），当两条肯普链相交时，紫色可以代表红色或蓝色。讲座被录成录像，这个录像本来要作为定理的第一次公开证明发布，但是因为删除了太多的细节而未能如愿。此后，斯潘塞－布朗被邀请到美国斯坦福大学数月，在那里，他的证明被仔细审核，文章被发现有漏洞后，又被数次修改和审阅。在德文版《形式法则》的一个附录里，可以找到这个解决方案的英文版。

随着他们非正统证明的出现，阿佩尔和哈肯有时候感到非常不受欢迎。一位数学系主任不同意他们和自己的研究生会面，理由如下：

> 他们用完全不妥的方法来解决这个问题，使得一流数学家不会再去对它做进一步研究，因为他们不再是第一个解决四色问题的人，所以常规证明可能将被无限期地延后。四色问题本来需要一流的数学家去寻找一个令人满意的证明方法，但现在没戏了。

这让阿佩尔和哈肯感觉，别人认为他们做了一件非常不道德的事情，所以心灵纯洁的学生需要避免被他们的坏影响所侵扰。

那位系主任说得有道理。1977 年，弗兰克·阿莱尔参加了第七届在加拿大马尼托巴举行的数值数学与计算学术会议，并提交了他关于四色定理的证明。他使用了不同的放电法，对可约性的处理也很优秀，而且他的解决方案只需要 50 小时的计算机计算时间。然而，尽管他为会议论文集准备了一篇包含其证明的许多主要思想的长文，但这篇文章却没有被收入参考期刊。如果这篇文章被发表，它本可以为阿佩尔和哈肯的证明提供完全独立的佐证。

1977 年还有两个重要作品。阿佩尔和哈肯为《科学美国人》的读者写了一篇名为《四色地图问题的解决方案》的文章，时至今日，它仍是最清楚地介绍该方法的文章。与此同时，第二本关于四色问题的专著也出版了。托马斯·萨蒂以自己发表在《美国数学月刊》的一篇获奖文章为基础，和保罗·凯南（Paul Kainen）合著了《四色问题：进攻与征服》。然而，这本书的出版曾一度被叫停。书的前言里写道：

> 在这本书出版的过程中，发生了一件有趣的事情。两年多前，我们完成了《对四色猜想的进攻》一书的草稿……我们的书原先的主题是讨论曾经用来研究四色猜想（简称 4CC）的各种方法的。读者可以想象，1976 年夏天，当听说 4CC 竟然被计算机证明时，我们的反应很复杂。

萨蒂和凯南取回了他们的手稿，依据阿佩尔和哈肯的方法对书做了修订。他们的书最终出版后，成了一本畅销书。

20 世纪 80 年代初，关于阿佩尔和哈肯的四色定理证明里有一处重大错误的流言开始流传。鉴于证明非常复杂，人们原以为可能会出现许多错误，但这种情况并没有发生。仅有的一处值得关注的错误——也许流言就是因它而引起——是由德国亚琛工业大学的电

气工程专业学生乌尔里希·施密特（Ulrich Schmidt）在 1981 年发现
的。他对四色问题的证明方法感兴趣，是因为可以用它检验计算机
芯片的设计。为了硕士学位论文，施密特花了一年（最长时限）完
成了阿佩尔和哈肯证明里放电法部分 40% 的工作。施密特找到了一
处错误，哈肯用了大约两周时间便解决了这个错误。另外，施密特
还发现了一些印刷错误。1985 年，另一个错误——某个构形里的一
处绘画小错误——是由日本的 S. 佐伯（S. Saeki）发现的。除了一些
印刷错误外，在阿佩尔和哈肯的证明里，没有人再发现过其他值得
注意的错误。

　　1986 年，阿佩尔和哈肯收到《数学情报》主编的一封信，这位
主编不断听到证明存在错误的流言，于是请他们进行说明，以正视
听。他们很乐于借此机会做个回复。

　　　　对于这种要求我们只能从命，尽管戳穿一个高质量的
　　流言令人遗憾。数学流言会在数学会议上使交谈更令人
　　兴奋、更具趣味性。然而，关于四色定理的流言似乎是对
　　乌尔里希·施密特独立检查证明细节后得到的那些结果的
　　误读。

　　最后他们写出了《四种颜色就够了》这篇生动的文章，相当详
细地介绍他们的方法，并讨论了他们是如何修正施密特发现的错误
的。1989 年，他们出版了一本厚厚的册子——《所有平面地图都能
用四种颜色着色》，就四色问题做了最后一次讨论。他们在书里给出
了更多证明的细节，证明了一些相关结论，修正了所有已发现的错

误，还印出了全部缩微胶片。

一个新证明

1994 年，尼尔·罗伯逊（Neil Robertson）、丹尼尔·桑德斯（Daniel Sanders）、保罗·西摩（Paul Seymour）和罗宾·托马斯（Robin Thomas）为四色传奇续写了令人兴奋的新篇章。在之前的十年里，他们证明了一些了不起的图论结论，此后便转战四色问题，因为这与他们研究的其他东西有关。

他们认为阿佩尔和哈肯的证明依然没有被人们完全接受，人们对证明的有效性仍存疑问。存疑的主要原因并不是证明用到了计算机，尽管完全检验可约性部分需要手工将 1482 个构形输入计算机，并且通过大量编程对它们逐一进行可约性检查。人们更关注的是对不可避免性的论证：阿佩尔和哈肯手工完成的放电算法非常复杂，这使得没有人完完全全独立地检验过它。

他们在检查阿佩尔和哈肯证明的细节一周后就放弃了。他们认为用黑施启发阿佩尔和哈肯的总体思想去构造一个自己的证明，会更有趣也更有意义。他们花了一年时间完成了这项工作，得到的证明较之前的那个更简洁、更有效、更有章法。

他们的不可避免集只有 633 个可约构形——如果使用计算机的时间可以更长，他们能将它进一步减少到 591 个。此外，他们用来证明不可避免性的放电过程，只需要 32 条放电规则，相较而言，阿佩尔和哈肯则用了 487 条之多。

在对地图放电时，他们需要证明黑施提出的关于给定国家 C 的二次邻国的一个性质——C的二次邻国是那种自身不与C邻接，但与C的邻国邻接的国家。通过证明任意带额外电荷的那些国家的二次邻国总会包含一个可约构形，罗伯逊和他的团队得以避免重现阿佩尔和哈肯的证明里出现的那种复杂情况。

因为他们认为用计算机证明一个复杂冗长的结果要比人更加可靠，所以他们不仅用计算机证明可约性，还用其证明不可避免性。（真不知道蒂莫奇科对此会怎么说！）并且，他们证明里的每一步都可以由其他人在家用计算机上花几小时完成检验。

这个由罗伯逊和他的团队完成的改进方法使地图着色算法变得更为有效。阿佩尔和哈肯的着色方法是一个四次方复杂度的算法，这意味着一幅有n个国家的地图，完成着色需要n^4单位时间。而罗伯逊团队的算法复杂度则是二次方的，因而对n个国家的地图着色只需要n^2单位时间。对于一台每秒进行一百万次计算的计算机而言，不同n的运行时间比较如下，这说明了算法改进的结果。

	n=10	n=100	n=1000
n^2	0.0001 秒	0.01 秒	1 秒
n^4	0.01 秒	1 分 40 秒	大于 11.5 天

在他们新的证明发表后不久，他们中的一员罗宾·托马斯写了一篇有趣的文章，概述了证明的主要思路，并通过介绍别的数学分支领域里一些与四色定理等价的奇怪定理——它们涉及三维向量代数、整数的整除性，以及矩阵和张量的关系等——来强调四色定理所具有的重要意义。

走进新千年

在伦敦数学学会举办的纪念德·摩根向哈密顿首次提及四色问题（见第 2 章）150 周年的盛会上，罗宾·托马斯介绍了他的最新解决方案。在我发表对四色问题早期历史的研究报告后，阿佩尔和哈肯（他们为此特地飞到伦敦）对他们解决方法的主要思路做了一次讲解。随后，美国佛蒙特大学的丹·阿奇迪肯（Dan Archdeacon）讲解了希伍德猜想以及除球面外其他表面上的地图着色问题的相关结论。

自纪念会议以来，研究在许多不同的方向都取得了一些很好的进展。这里举两个例子。

D 可约构形

让我们回忆一下第 8 章，如果成环国家的所有着色方案都能扩展到整个构形，那么它是 D 可约的；而如果通过一定的改造，可以证明是可约的，那么这种构形是 C 可约的。因为 D 可约构形更容易对付，我们可能会问：四色定理是否存在只涉及 D 可约构形的证明方法？（瓦尔特·斯特伦奎斯特，1975）

这个问题由约翰·P. 施泰因贝格尔（John P. Steinberger）在 2008 年给出了肯定的答案。毫无疑问，这个证明较之前的证明引入了更多的构形和放电算法，施泰因贝格尔发现他需要考虑的环尺寸更大。下表总结了不同方法之间的区别。

	构形数量	放电规则数量	最大环尺寸
阿佩尔和哈肯	1482	487	14
罗伯逊等	633	32	14
施泰因贝格尔	2832	42	16

检验证明

如前所述，计算机辅助证明的正确性是很难验证的。这个问题在 2004 年 9 月有了重大突破，计算机科学家乔治斯·贡蒂尔（Georges Gonthier）提供了一个完全由机器检验的四色定理证明，它由形式语言写成，并且用机器验证了罗伯逊团队的证明方法。

贡蒂尔的第一步是对地图和可四色着色这两个术语给出一个公理化的规定。有一种广泛用于"证明检验"的权威工具叫 Coq，它在检验了约 6 万行形式语言写成的证明之后，宣布证明有效。最终，心存疑虑的人们可以确认四色定理已经被证明了！

未来

四色问题解决之后，那些研究这个问题的人接下来干什么呢？1978 年，比尔·图特就曾提过这个问题。

> 我想有的人会绝望地长叹一声，哭嚷着："我现在该做什么？"正确的答案应该是："振作起来。你可以沿着这个方向继续研究。"

正如我们前面看到的，四色定理绝不是终点——事实上，由于许多数学问题是从四色定理衍生出来的，从四色定理的概念里也发展出一些新颖而令人兴奋的方向，因此，它更像是一个开始。此外，尽管四色问题的证明非常难，但它只是诸多难题里特殊的一个，而那些难题也已经取得了一些进展。

有了这些关于未来的想法，我们将最后诗意的沉思留给比尔·图特。

> 四色定理是
> 冰山的一角，
> 楔子的尖梢，
> 春天里的第一只布谷鸟。

延伸阅读

关于 1936 年以前四色问题的历史概况，包括这里提到的几篇论文的影印本，请见 N. L. Biggs, E. K. Lloyd, and R. J. Wilson, *Graph Theory 1736–1936*, Clarendon Press, Oxford, 1998。该书以下简称 *BLW*。

关于图论的基础数学细节，请见 Rudolf Fritsch and Gerda Fritsch, *The Four-Color Theorem: History, Topological Foundations, and Ideas of Proof*, Springer, 1999。该书的第 1 章有一些本书提到过的数学家的传记。该书以下简称 *FF*。

关于图论，有一本写得很好的教科书，其中特别讨论了四色问题，作者与我同姓，请见 Robert A. Wilson, *Graphs, Colourings and the Four-Colour Theorem*, Oxford Science Publications, 2002。

关于四色问题，早期比较有影响力的著作有：O. Ore, *The Four-Color Problem*, Academic Press, 1967; Thomas L. Saaty and Paul C. Kainen, *The Four-Color Problem: Assaults and Conquest*, McGraw-Hill, 1977（1986 年由 Dover 平装再版）。

阿佩尔和哈肯自己关于四色问题历史以及证明方法的记录，请见 "The solution of the four-color-map problem", *Scientific American* 237 No. 4 (October 1977), 108–121 和 "The four-color problem", *Mathematics Today* (ed. L. A. Steen), Springer (1978), 153–180。

还有一份非常出色的关于四色问题的历史和证明的报告，特别是在黑施、哈肯和阿佩尔的工作以及其证明方法的哲学意义方面，请见 Donald MacKenzie, "Slaying the Kraken: the sociohistory of a mathematical proof", *Social Studies of Science* 29 (1) (February 1999), 7–60。

P. J. Federico 的著作 *Origins of Graph Theory* 草稿是本书创作过程中非常宝贵的资料。可惜的是，书未竟，人已逝。

本书提到的一些数学家的传记，参见 *Dictionary of Scientific Biography* (ed. C. C. Gillespie), Scribner's, New York, 1970–1990（该书以下简称 *BSD*），以及扩展了 *BSD* 的四卷本 *Biographical Dictionary of Mathematicians* (1991)。在诸多数学通史中，推荐 Dirk J. Struik, *A Concise History of Mathematics* (4th ed.), Dover Publications, 1967 和 Victor J. Katz, *A History of Mathematics: An Introduction* (3rd ed.), Pearson, 2008.

注释与参考文献

第1章 四色问题

四色问题重要吗

肯尼思·梅关于四色问题的文章是 "The origin of the four-color conjecture", *Isis* 56 (1965), 346–348。另一篇关于四色问题起源的文章是 H. S. M. 考克斯特的 "The four-color map problem, 1840–1940", *Mathematics Teacher* 52 (1959), 283–289。

认为图论的发展主要源于对四色定理的研究的观点见 M. Aigner, *Graphentheorie—Eine Entwicklung aus dem 4-Farbenproblem*, B. G. Teubner, Stuttgart, 1984。

两个例子

愚人节专栏及后续内容见马丁·加德纳的 "Six sensational discoveries that somehow have escaped public attention", *Scientific American* 232 No. 4 (April 1975), 126–130, and 233 No. 1 (July 1975), 115。

第2章 四色问题的提出

奥古斯塔斯·德·摩根、威廉·罗恩·哈密顿爵士、查尔斯·桑德斯·皮尔斯及奥古斯特·费迪南德·默比乌斯的传记

见 *BSD*。弗朗西斯·格思里的传记见 *Dictionary of South African Biography* 2 (1972), 279–280 和 Pieter Maritz and Sonja Mouton, "Francis Guthrie: a colourful life", *The Mathematical Intelligencer* 34 (3) (2012), 67–75。弗朗西斯·格思里、弗雷德里克·格思里、德·摩根、哈密顿、威廉·休厄尔、罗伯特·埃利斯及皮尔斯的传略见 *FF* 第 1 章。

德·摩根的一封信

德·摩根于 1852 年 10 月 23 日从英国卡姆登镇卡姆登街 7 号写给哈密顿的信，现收藏于爱尔兰都柏林圣三一大学图书馆 (TCD MS 1493/668)。

弗雷德里克·格思里的回忆出自 "Note on the colouring of maps", *Proceedings of the Royal Society of Edinburgh* 10 (1880), 727–728。

海因里希·蒂策举的例子见 Heinrich Tietze, *Famous Problems of Mathematics*, Graylock Press, New York (1965), 77–78。

霍茨波和《雅典娜神庙》

德·摩根和哈密顿的会晤出自德·摩根遗孀索菲娅的回忆，见 S. E. De Morgan, *Memoir of Augustus De Morgan, with Selections of His Writings*, Longman, Green & Co., London (1882), 333。

哈密顿的回信是 1852 年 10 月 26 日从都柏林邓辛克天文台发出的。

德·摩根 1853 年 12 月 9 日写给休厄尔、1854 年 6 月 24 日写给埃利斯的两封信，收藏于英国剑桥大学三一学院的雷恩图书馆（Whewell Add. Mss., a.202[125] and c.67[111]）。

关于德·摩根的思想比较有用的讨论材料有 N. L. Biggs, "De Morgan on map colouring and the separation axiom", *Archive for History of Exact Sciences* 28 (1983), 165–170。

德·摩根关于休厄尔《发现的哲学：历史上的重要时刻》的匿名书评见 *The Athenaeum*, No. 1694 (April 14, 1860), 501–503。后来重新发现这篇书评参见 John Wilson, "New light on the origin of the four-colour conjecture", *Historia Mathematica* 3 (1976), 329。

德·摩根 1860 年 3 月 3 日写给休厄尔的信见 S. E. De Morgan, *Memoir of Augustus De Morgan, with Selections of His Writings*, Longman, Green & Co., London (1882), 302。更早的《雅典娜神庙》文献由 Brendan D. McKay 发现，参见其 "A note on the history of the four-colour conjecture", *Journal of Graph Theory* 72 (2013), 361–363。

皮尔斯对四色问题的兴趣见 "The four-colour conjecture", Carolyn Eisele, *Studies in the Scientific and Mathematical Philosophy of Charles S. Peirce: Essays* (ed. R. M. Martin), Mouton, The Hague, 1971, 216–222, 第 19 章, 并参考了 Norman L. Biggs, E. Keith Lloyd, and Robin J. Wilson, "C. S. Peirce and De Morgan on the four-colour conjecture", *Historia Mathematica* 4 (1977), 215–216。

皮尔斯的引言见上述 Carolyn Eisele 的书，第 219 页。

默比乌斯和五位王子

约翰·贝内迪克特·利斯廷和默比乌斯发现单面曲面（默比乌斯带），参见 P. Stäckel, "Die Entdeckung der einseitigen Flächen", *Mathematische Annalen*。

默比乌斯五位王子问题的起源见理查德·巴尔策的 "Eine

Erinnering an Möbius und seinen Freund Weiske", *Berichte der Sächsischen Gesellschaft der Wissenschaften zu Leipzig* 37 (1885), 1–6。

关于五座宫殿问题的讨论见前述蒂策的书 *Famous Problems of Mathematics*。

别搞混了

巴尔策讲座的内容概述见前述他的文章 "Eine Erinnering an Möbius und seinen Freund Weiske"。

强化了巴尔策的错误的著作有：F. Dingeldey, *Topologische Studien*, B. G. Teubner, Leipzig, 1890; Isabel Maddison, "Note on the history of the map-coloring problem", *Bulletin of the American Mathematical Society* 3 (1896–1897), 257; W. W. Rouse Ball, Mathematical Recreations and Essays (11th ed.), Macmillan, London (1939), 223; E. T. Bell, *The Development of Mathematics* (2nd ed.), McGraw–Hill (1945), 606。四色问题归功于默比乌斯的说法由 H. S. M. 考克斯特纠正，见前述其文章 "The four-color map problem, 1840–1940"。

第3章　欧拉的著名公式

莱昂哈德·欧拉、奥古斯丁－路易·柯西及西蒙－安托万－让·吕利耶的传记见 *BSD*。关于欧拉生平比较生动的著作有 Emil A. Fellmann, *Leonhard Euler*, Birkhäuser-Verlag, 2007，专业性更强的则有 William Dunham, *Euler: The Master of Us All*, Mathematical Association of America, 1999。更完整的多面体欧拉公式及其推论见 David S. Richeson, *Euler's Gem: The Polyhedron Formula and the Birth of Topology*, Princeton University Press, 2008。

欧拉的一封信

关于多面体的历史和性质的优秀著作有 Peter R. Cromwell, *Polyhedra*, Cambridge University Press, 1997（1999 年平装再版）。

只存在五种正多面体的几何证明见 T. L. Heath, *The Thirteen Books of Euclid's Elements*, Cambridge University Press, 1908 第 13 册。更多细节见上述 Cromwell 的书。

欧拉给克里斯蒂安·哥德巴赫的信的摘录见 Leonhard Euler, *Opera Omnia* (4), I, letter 863。其印刷版本见 P.-H. Fuss, *Correspondance Mathématique et Physique de Quelques Célèbres Géomètres du XVIIIème Siècle*, St Petersburg, 1843。其英语翻译版见 *BLW,* pp.76–77。信的完整版见 A. P. Juškević and E. Winter, *Leonhard Euler und Christian Goldbach: Briefwechsel 1729–1764*, Akademie-Verlag, Berlin, 1965。

勒内·笛卡儿在多面体方面的工作资料见前述 Cromwell 的书 *Polyhedra* 第 41 页，以及 C. Adam and P. Tannery, *Oeuvres de Descartes*, Vol. 10, Cerf, Paris (1897–1913), 257–277 和 P. J. Federico, *Descartes on Polyhedra: A Study of the De Solidorum Elementis*, Springer-Verlag, 1982。

欧拉关于多面体的两篇重要论文是"Elementa doctrinae solidorum"和"Demonstratio nonnullarum insignium proprietatum quibus solida hedris planis inclusa sunt praedita", 见 *Novi Commentarii Academiae Scientiarum Imperialis Petropolitanae* 4 (1752–1753, publ. 1758), 109–140, 140–160。这两篇论文也见于 *Leonhardi Euleri Opera*

Omnia (1), Vol 26, (ed. A. Speiser), Commentationes Geometricae, Zürich, 1953。

阿德里安 – 马里·勒让德的证明见其所著 *Eléments de Géométrie* (1st ed.), Firmin Didot, Paris, 1974。

从多面体到地图

柯西关于多面体的论文是 "Recherches sur les polyèdres–premier mémoire", *Journal de l'Ecole Polytechnique* 9 (Cah. 16) (1813), 68–86。英文版的论文节选见 *BLW*, pp. 81–83。

吕利耶给出的例子见 "Mémoire sur la polyédrométrie", *Annales de Mathématiques* 3 (1812–1813), 169–189。英文版的论文节选见 *BLW*, pp. 84–86。

最多只有五个邻国

地图上的"最多只有五个邻国"定理是由艾尔弗雷德·布雷·肯普证明的（见第 5 章），他也推导出了与计数公式类似的结论。

第4章 四色问题复活了……

阿瑟·凯莱的传记见 *BSD* 和 *FF* 第 1 章。关于凯莱生平更翔实的材料见 Tony Crilly, *Authur Cayley: Mathematician Laureate of the Victorian Age*, Johns Hopkins University Press, 2006。

凯莱的疑问

凯莱的问题见 *Proceedings of the London Mathematical Society* 9 (1877–1878), 148 和 *Nature* 18 (1878), 294。他的论文"On the colouring of maps"见 *Proceedings of the Royal Geographical Society* 1 (1879), 259–261，其全文重印本见 *BLW*, pp. 93–94。

高尔顿参与四色问题的完整故事见 Tony Crilly, "Arthur Cayley FRS and the four-colour map problem", *Notes & Records of the Royal Society* 59 (2005), 285–304。Crilly 的这篇文章还对凯莱投给《皇家地理学会学报》的论文的两个草稿版本做了详细分析。

推倒多米诺骨牌

对莱维·本·热尔松运用数学归纳法的讨论见 Victor Katz, "Combinatorics and induction in medieval Hebrew and Islamic mathematics", *Vita Mathematica* (ed. R. Calinger), Mathematical Association of America (1996), 99–106。

第5章 ……然后，肯普证明了它

詹姆斯·约瑟夫·西尔维斯特的传记见 *BSD*。关于他生平更翔实的材料见 Karen Hunger Parshall, *James Joseph Sylvester: Jewish Mathematician in a Victorian World*, Johns Hopkins University Press, 2006。肯普的传记（由 Archibald Geikie 所作）见, *Proceedings of the Royal Society* 102 (1923), i–x。西尔维斯特、肯普及威廉·斯托里的传略见 *FF* 第 1 章。

西尔维斯特的新杂志

西尔维斯特与丹尼尔·吉尔曼等人的通信见 Karen Parshall, *James Joseph Sylvester: Life and Work in Letters*, Clarendon Press, Oxford, 1998。

肯普的论文

肯普的第一篇数学论文是 "On the solution of equations by mechanical means", *Messenger of Mathematics* 2 (1873), 51–52。他的论文 "How to draw a straight line"（《如何画直线》）最初分四部分发表于 *Nature* 16 (1877), 65–67, 86–89, 125–127, and 145–146。

肯普发表于《美国数学杂志》的文章是 "On the geographical problem of the four colors", *American Journal of Mathematics* 2 (part 3) (1879), 193–200，其重印本见 *BLW*, pp. 96–102。关于它的评论见 *Nature* 21 (17 July 1879), 275，其精简版见 *Proceedings of the London Mathematical Society* 10 (1878–1879), 229–231，以及 *Nature* 21 (26 February 1880), 399–400。

一些变体

西尔维斯特首次使用"图"这一术语见 "Chemistry and algebra", *Nature* 17 (1877–1878), 284，这篇笔记全文重印于 *BLW*, pp. 65–66。

回到巴尔的摩

斯托里"关于前述论文的注释"见 *American Journal of Mathematics* 2 (1879), 201–204。

西尔维斯特写给吉尔曼的信见前述 Parshall 的书 *James Joseph Sylvester: Life and Work in Letters*，195—196 页。

1879 年 11 月 5 日和 12 月 13 日举行的约翰斯·霍普金斯科学学会的会议报告见 *Johns Hopkins University Circular* 1, No. 2 (January

1880), 16。

皮尔斯在四色问题上的新视角参见前述 Carolyn Eisele 的书，218 页。

"皮尔斯先生的声明"见 *The Nation* No. 756 (December 25, 1879), 440。

有关皮尔斯在纽约的演讲情况，见 *Report of the National Academy of Sciences for the Year* 1899 (1900), 12–13。

斯托里写给皮尔斯的信参见前述 Carolyn Eisele 的书，359 页。

第6章 意外不断

查尔斯·道奇森、彼得·格思里·泰特、托马斯·彭尼顿·柯克曼及哈密顿的传记见 *BSD*。关于道奇森数学著作的大众读物有 Robin Wilson, *Lewis Carroll in Numberland: His Fantastical Mathematical Logical Life*, Allen Lane, 2008。关于泰特和哈密顿更完整的传记见 C. C. Knott, *Life and Scientific Work of Peter Guthrie Tait*, Cambridge University Press, 1911 和 R. P. Graves, *Life of Sir William Rowan Hamilton*, Longman, London and Hodges, Figgis & Co., Dublin, 1889。柯克曼的生活与工作见 N. L. Biggs, "T. P. Kirkman, mathematician", *Bulletin of the London Mathematical Society* 13 (1981), 97–120。泰特和哈密顿的传略见 *FF* 第 1 章。

道奇森的《关于行列式的基本规定》1867 年由 Macmillan 出版。他的谜题见于 Stuart D. Collingwood, *The Life and Letters of Lewis Carroll* (Rev. C. L. Dodgson), Nelson, 1898, 371。

爱德华·卢卡翻译的肯普论文见 "Le Problème géographique des quatre couleurs", *Revue scientifique (3)* 6 (1883),12–17。

卢卡对四色问题的扩展讨论见 *Récréations mathématiques*, Vol. 4, Gauthier-Villars, 1894。

巴尔策在莱比锡科学学会的报告见前述他的文章"Eine Erinnering an Möbius und seinen Freund Weiske"。

主教参与的挑战题

詹姆斯·莫里斯·威尔逊 1887 年 1 月 1 日和 1889 年 6 月 1 日的信见 *Journal of Education* 9 (1887), 11–12, and 11 (1889), 277。威尔逊对弗雷德里克·坦普尔的证明的描述，也见于他的 *Memoirs of Archbishop Temple* Vol. 1 (ed. E. G. Sandford), Macmillan, London, 1906, 59–60。

约翰·库克·威尔逊的论文见"On a supposed solution of the 'four-colour problem'", *Mathematical Gazette* 3 (1904–1906), 338–340。

造访苏格兰

关于高尔夫球的轶事见 Chris Denley and Chris Pritchard, "The golf ball aerodynamics of Peter Guthrie Tait", *Mathematical Gazette* 78 (1994), 298–313。

肯普发表在《自然》上的文章见 *Nature* 21 (26 February 1880), 399–400。

泰特首次尝试使用的方法见"On the colouring of maps", *Proceedings of the Royal Society of Edinburgh* 10 (1878–1880), 501–503。

泰特关于四色问题的另一篇笔记见"Remarks on the previous communication", *Proceedings of the Royal Society of Edinburgh* 10 (1878–1880), 729，其完整版也见于 *BLW*, p. 104。他给肯普的信都收

藏于英国奇切斯特的西萨塞克斯郡公共档案室。

弗雷德里克·格思里的笔记详见前述他的文章 "Note on the colouring of maps"。

在多面体上环游

泰特的论文《关于一个位置几何学定理的笔记》见 "Note on a theorem in the geometry of position", *Transactions of the Royal Society of Edinburgh* 29 (1880), 657–660.

环球旅行

柯克曼的论文是 "On the representation of polyhedral", *Philosophical Transactions of the Royal Society* 146 (1856), 413–418, 其节选见 *BLW*, pp. 29–30。

哈密顿的二十演算介绍见 "Memorandum representing a new system of roots of unity", *Philosophical Magazine (4)* 12 (1856), 446, and *Proceedings of the Royal Irish Academy* 6 (1853–1857), 415–416。其中的主要思想和二十游戏的游戏说明书见 *BLW*, pp.32–35。

微小行星

泰特论文的细节见前述他的论文《关于一个位置几何学定理的笔记》。

泰特关于四色问题的最后一篇论文是 "Listing's *Topologie*", *Philosophical Magazine (5)* 17 (1884), 30–46。

柯克曼以《问题 6610》为名发表的诗歌和讨论见 *Mathematical Questions and Solutions from the Educational Times* 35 (1881), 112–116。

图特找到的三次多面体见 W. T. Tutte，"On Hamiltonian circuits"，*Journal of the London Mathematical Society* 21 (1946), 98–101[1]。

关于图特的诗，作者是 Norman Biggs。

第7章　来自杜伦的爆炸新闻

尤利乌斯·彼得松的传记见 *BSD*。关于珀西·希伍德一生比较完整的材料见 G. A. Dirac，"Percy John Heawood"，*Journal of the London Mathematical Society* 38 (1963), 263–277。希伍德的传略见 *FF* 第 1 章。

希伍德的地图

由 J. Duff 写的希伍德的讣告参见 *Nature* 175 (1955), 368。

希伍德写给阿尔弗雷德·埃雷拉的信，参见埃雷拉的 "Exposé historique du problème des quatre couleurs"，*Periodica Mathematica (4)* 7 (1927), 20–41。

希伍德的《地图着色定理》见 *Quarterly Journal of Pure and Applied Mathematics* 24 (1890), 332–328，其中大部分内容也可见于 *BLW*, pp. 105–107, 112–115。

肯普承认错误的报道见 *Proceedings of the London Mathematical Society* 22 (1890–1891), 263。

埃雷拉的例子见他的博士学位论文 *Du Coloriage des Cartes et de Quelques Questions d' Analysis Situs*, Falk Fils, Brussels and Gauthier-Villars, Paris, 1921。Joan Hutchinson 和 Stan Wagon 对此进行了讨论，见 "Kempe revisited"，*American Mathematical Monthly* 105 (February

---

[1]　比尔是 W. T. 图特的昵称。

1998), 170–174。德·拉·瓦莱·普桑的例子见 "Deuxième réponse à Question 51", *L'Intermédiaire des mathématiciens* 3 (1896), 179–180。

为"帝国"着色

"帝国问题"的通解见 Brad Jackson and Gerhard Ringel, "Heawood's empire problem", *Journal of Combinatorial Theory B* 38 (1985), 168–178。

"地月问题"里，需要 9 种颜色的地图由 Thom Sulanke 在 1973 年发现，他的地图被收录于 Martin Gardener 的"数学游戏"专栏，见 *Scientific American* 242(2) (February 1980), 14–19。

甜甜圈上的地图

洛塔尔·黑夫特尔的论文是 "Ueber das Problem der Nachbargebiete", *Mathematische Annalen* 38 (1891), 477–508。英文版的论文节选见 *BLW*, pp. 118–123。

重整旗鼓

卢卡的《数学趣谈》见前述 *Récréations mathématiques*。

《数学家中介》上的论文包括 P. Mansion, "Question 51", H. Delannoy and A. S. Ramsey, "Réponse à Question 51", C. de la Vallée Poussin, "Deuxième réponse", 以及 H. Delannoy, "Troisième réponse", 见 *L'Intermédiaire des Mathématiciens* 1 (1894), 20, 192 and 3 (1896), 179–80, 225。

彼得松的两篇笔记见 *L'Intermédiaire des Mathématiciens* 5 (1998), 225–227 and 6 (1899), 36–38。

希伍德的第二篇论文是 "On the four-colour map theorem"，*Quarterly Journal of Pure and Applied Mathematics* 29 (1898), 270–285。

希伍德在概率方面的论证见 "Failures in congruences connected with the four-colour map theorem"，*Proceedings of the London Mathematical Society (2)* 40 (1936), 189–202。

第8章　跨越大西洋

乔治·伯克霍夫和奥斯瓦尔德·维布伦的传记见 *BSD*。伯克霍夫的传记还可以参考 Marston Morse, "George David Birkhoff and his mathematical work"，*Bulletin of the American Mathematical Society* 52 (1946), 357–391，其传略见 *FF* 第 1 章。

赫尔曼·闵可夫斯基的故事见 Constance Reid, *Hilbert*, Springer (1970), 92–93。

寻找不可避免集

保罗·韦尼克的信息见 "延伸阅读" 里提到的 P. J. Federico 的草稿。

韦尼克在多伦多大学的会议讲座简报见 *Bulletin of the American Mathematical Society* 4 (1897–1898), 2, 5。

韦尼克的主要论文是 "Über den kartographischen Vierfarbensatz"，*Mathematische Annalen* 58 (1904), 413–426。

黑施的放电法见他的著作 *Untersuchungen zum Vierfarbenproblem*, B. I. Hochschulskripten, 810/810a/810b, Bibliographisches Institut, Mannheim-Wien-Zürich, 1969。

菲利普·富兰克林在普林斯顿大学的博士论文 "On the map

color problem"（1921）里的许多成果可以参考他的论文"The four color problem", *American Journal of Mathematics* 44 (3) (July 1922), 225–236，其完整版见 *BLW*, pp. 171–180。后来他又写了一篇介绍性的文章，"The four color problem", *Scripta Mathematica* 6 (1939), 149–156, 197–210。20 世纪 20 年代，比较有用的综述文章是 H. R Brahana, "The four-color problem", *American Mathematical Monthly* 30 (July/August 1923), 234–243。

亨利·勒贝格的论文是"Quelques conséquences simple de la formule d'Euler", *Journal de Mathématiques Pures et Appliquées* 9 (1940), 27–43。

寻找可约构形

维布伦的论文是"An application of modular equations in analysis situs", *Annals of Mathematics (2)* 14 (1912–1913), 86–94，其完整版见 *BLW*, pp. 160–166。

伯克霍夫开创性的论文是"The reducibility of maps", *American Journal of Mathematics* 35 (1913), 115–128。

阿瑟·伯恩哈特的论文是"Six-rings in minimal five-color maps", *American Journal of Mathematics* 69 (1947), 391–412。其蜜月轶闻引自 Garrett Birkhoff 的私人通信。

关于"光之山"大钻石的评论，见 *FF,* p. 156。

关于雷诺兹、富兰克林和 C. E. 温的贡献，见 C. N. Reynolds, "On the problem of coloring maps in four colors I, II", *Annals of Mathematics (2)* 28 (1926–1927), 1–15, 477–492, P. Franklin, "Note on the four color problem", *Journal of Mathematics and Physics* 16 (1938),

172–184，以及 C. E. Winn, "On the minimum number of polygons in an irreducible map", *American Journal of Mathematics* 62 (1940), 406–416。保罗·瓦莱里的工作见 *FF*, p. 32 和 J. Mayer, "Une page mathématique de Valéry: le problème du coloriage des cartes", *Bulletin Etudes Valéryennes* 25 (1980), 31–43。

为"菱形"着色

关于黑施对构形的分类，参见前述他的著作 *Untersuchungen zum Vierfarbenproblem*。

有多少种方案

伯克霍夫第一篇关于色多项式的论文是 "A determinant formula for the number of ways of coloring a map", *Annals of Mathematics (2)* 14 (1912–1913), 42–46，其部分内容见 *BLW*, pp. 167–169。伯克霍夫与 D. C. 刘易斯合写的论文是 "Chromatic polynomials", *Transactions of the American Mathematical Society* 60 (1946), 355–451。

哈斯勒·惠特尼在色多项式方面的贡献见 "A logical expansion in mathematics", *Bulletin of the American Mathematical Society* 38 (1932), 572–579，其部分内容见 *BLW*, pp. 181–184。惠特尼后来又写了一些图论方面的基础性论文。此后，他的兴趣转移到了代数拓扑领域，并在该领域成为当时的领军人物。

关于色多项式和黄金分割比之间联系的概述见 G. Berman and W. T. Tutte, "The golden root of a chromatic polynomial", *Journal of Combinatorial Theory* 6 (1969), 301–302，更详细的研究见 W. T. Tutte, "On chromatic polynomials and the golden ratio", *Journal of*

Combinatorial Theory 9 (1970), 289–296。

第9章　新的黎明

黑施的传记见 Hans-Günther Bigalke, *Heinrich Heesch: Kristallgeometrie, Parkettierungen, Vierfarbenforschung*, Birkhäuser, Basel, 1988。黑施、哈肯及杜勒的传略见 *FF* 第 1 章。本章中哈肯的言论引自 Tony Dale 于 1994 年 4 月 16 日在美国伊利诺伊州厄巴纳对他的访谈，后来 Donald MacKenzie 据此写成 "Slaying the Kraken"，见 "延伸阅读"。

德奈什·柯尼希的著作《有限图和无限图理论》是 *Theorie der Endlichen und Unendlichen Graphen*, Akademische Verlagsgesellschaft, Leipzig, 1936，该书英文版 *Theory of Finite and Infinite Graphs* 由 Birkhäuser 在 1990 年出版。

由克洛德·贝尔热、厄于斯泰因·奥尔、罗伯特·布扎克和托马斯·萨蒂、弗兰克·哈拉里编写的图论方面的经典教材是指：C. Berge, *Theory of Graphs and Its Applications*, Wiley, 1961; O. Ore. *Theory of Graphs*, American Mathematical Society, 1961; R. G. Busacker and T. L. Saaty, *Finite Graphs and Networks*, McGraw-Hill, 1965; F. Harary, *Graph Theory*, Addison-Wesley, 1969。

奥尔所著《四色问题》的详情，见 "延伸阅读"。奥尔和乔尔·斯坦普尔的论文是 "Numerical calculations on the four-color problem", *Journal of Combinatorial Theory* 8 (1970), 65–78。

甜甜圈和交警

关于希伍德猜想的证明的完整讨论见 G. Ringel, *Map Color*

Theorem, Springer, 1974。进一步的资料参见 G. Ringel and J. W. T. Youngs, "Solution of the Heawood map-coloring problem", *Proceedings of the National Academy of Sciences, U.S.A.* 60 (1968), 438–445。

海因里希·黑施

达维德·希尔伯特在国际数学家大会上的报告见 "Sur les problèmes futurs des mathématiques", *Proceedings of the Second International Congress of Mathematicians, Paris* (1902), 58–114。关于希尔伯特问题的优秀材料见 J. J. Gray, *The Hilbert Challenge*, Oxford University Press, 2000。关于黑施在密铺方面的工作的详细讨论见前述 Bigalke 的书。

沃尔夫冈·哈肯

关于佩雷尔曼解决庞加莱猜想比较生动的材料见 Donal O'Shea, *The Poincaré Conjecture: In Search of the Shape of the Universe*, Allen Lane, 2007，他的证明见 "Theorie der Normalflächen", *Acta Mathematica* 105 (1961), 245–375。

哈肯在阿姆斯特丹做的纽结问题报告概述见 *Proceedings of the International Congress of Mathematicians*, Amsterdam, 1954。

库尔特·哥德尔 1931 年的论文英文版见 "On formally undecidable propositions of the *Principia Mathematica*", *From Frege to Gödel* (ed. J. van Heijenoort), Harvard University Press, 1967, 596–616。

计算机登场

爱德华·F. 穆尔构造的地图参见 L. Steen, "Solution of the

four color problem", *Mathematics Magazine* 49 (4) (September 1976), 219–222, 在 *Scientific American* 237 No. 4 (October 1977), 109 上刊登的地图是错的。

厄于斯泰因·奥尔关于四色问题的书的细节, 参见"延伸阅读"。

为马掌着色

岛本义雄的抱怨见前述 Hans-Günther Bigalke 写的 *Heinrich Heesch*, 212 页。

惠特尼和图特的论文是"Kempe chains and the four-colour problem", *Utilitas Mathematicae* 2 (1972), 241–281, 其重印本见 *Studies in Graph Theory II* (ed. D. R. Fulkerson), Mathematical Association of America (1975), 378–413。

第10章 成功啦！

沃尔夫冈·哈肯、肯尼思·阿佩尔、约翰·科克的传略见 *FF* 第 1 章。海因里希·黑施的传记见 Hans-Günther Bigalke, *Heinrich Heesch: Kristallgeometrie, Parkettierungen, Vierfarbenforschung*, Birkhäuser, Basel, 1988。本章中哈肯、阿佩尔、科克的言论引自 1994 年 4 月 16 日和 5 月 3 日由 Tony Dale 主持的访谈, 后来 Donald MacKenzie 据此写成"Slaying the Kraken", 见"延伸阅读"。

黑施 8900 个构形中的一部分, 见上述 Hans-Günther Bigalke 的 *Heinrich Heesch*, p. 203。

黑施与哈肯的合作

瓦尔特·斯特伦奎斯特证明四色定理在不多于 51 个国家的地

图上成立的论文是"The four-color theorem for small maps", *Journal of Combinatorial Theory B* 19 (1975), 256–268。他的博士学位论文是"Some aspects of the four color problem", Harvard University, 1975。

岛本义雄关于经费审查的评论见前述 Hans-Günther Bigalke 的 *Heinrich Heesch*, p. 224。

进入正题

阿佩尔和哈肯关于地理意义上的好构形的论文是"The existence of unavoidable sets of geographically good configurations", *Illinois Journal of Mathematics* 20 (1976), 218–297。他们关于地图中不含相邻五边形的论文是"An unavoidable set of configurations in planar triangulations", *Journal of Combinatorial Theory B* 26 (1979), 1–21。

科克的博士学位论文是"Computation of four color irreducibility", University of Illinois at Urbana–Champaign, 1976。

与时间赛跑

弗兰克·阿莱尔和特德·斯瓦特的联合论文是"A systematic approach to the determination of reducible configurations in the four-color conjecture", *Journal of Combinatorial Theory B* 25 (1978), 339–362。

在阿佩尔和哈肯的证明出现后，弗兰克·伯恩哈特写了"A digest of the four color theorem", *Journal of Graph Theory* 1 (1978), 339–362。

图特的早期文章是"Map coloring problems and chromatic polynomials", *American Scientist* 62 (1974), 702–705。

余波

关于阿佩尔和哈肯的证明，在 1976 年的许多报纸和期刊上都有报道，它们包括：*The Times* (July 23), *SIAM News* (August), *Science* (August 13), *Toronto Globe* (August 24), *Le Monde* (September 1), *Time* (September 20), *New York Times* (September 24 and 26), *Scientific American* (October), *New Scientist* (October 21), *Die Neue Zürcher Zeitung* (October 24).

美国数学学会的研究结果通告是指佩尔和哈肯的 "Every planar map is four colorable", *Bulletin of the American Mathematical Society* 82 (1976), 711–712。

由两部分组成并附带一份缩微胶片的四色问题证明是 K. Appel and W. Haken, "Every planar map is four colorable, Part I: Discharging", *Illinois Journal of Mathematics* 21 (1977), 429–490 和 K. Appel, W. Haken and J. Koch, "Every planar map is four colorable, Part II: Reducibility", *Illinois Journal of Mathematics* 21 (1977), 491–567.

第11章 ……这算是证明吗？

本章中哈肯、阿佩尔及斯瓦特的言论引自 1994 年 4 月 16 日、6 月 1 日、6 月 6 日由 Tony Dale 主持的访谈，后来 Donald MacKenzie 据此写成 "Slaying the Kraken"，见 "延伸阅读"。

"在我看来，……" 的引言见 F. F. Bonsall, "A down-to-earth view of mathematics", *American Mathematical Monthly* 89 (1982), 8–15。"老天是不会让这个定理……" 是 Herbert Wilf 在 1976 年年中对阿佩尔的评论。

冷冷的反响

唐纳德·阿伯斯的会议报告是 "Polite applause for a proof of one of the great conjectures of mathematics: what is a proof today?", *Two-Year College Mathematics Journal* 12 (2) (March 1981), 82。

阿明·哈肯的经历是前述对阿佩尔和哈肯的访谈中提到的。

如今，证明是什么

托马斯·蒂莫奇科的文章《四色问题及其哲学意义》见 *The Journal of Philosophy* 76 (2) (February 1979), 57–83。他的另一篇文章是 "Computers, proofs and mathematicians: a philosophical investigation of the four-color proof", *Mathematics Magazine* 53 (3) (May 1980), 131–138。

斯瓦特对蒂莫奇科的回复见 "The philosophical implications of the four color problem", *American Mathematical Monthly* 87 (November 1980), 697–707。

关于群论问题的文章是 W. Feit and J. G. Thompson, "Solvability of groups of odd order", *Pacific Journal of Mathematics* 13 (1963), 775–1029 和 D. Gorenstein, "The classification of finite simple groups I", *Bulletin of the American Mathematical Society* 4 (1) (January 1979), 43–200。安德鲁·怀尔斯的证明见 Simon Singh, *Fermat's Last Theorem*, Fourth Estate, London, 1997。

伊恩·斯图尔特的评论见 *Concepts of Modern Mathematics*, Penguin, 1981, p. 304。丹尼尔·科恩的评论见 "The superfluous paradigm", *The Mathematical Revolution Inspired by Computing* (ed. J. H. Johnson and M. J. Loomes), Oxford (1991), 323–329。H. S. M.

考克斯特的评论是 D. Albers 对他的访谈中提到的，并由 G. L. Alexanderson 发表于 *Mathematical People*, Birkhäuser, 1985。乔治·斯潘塞－布朗的评论见他的四色问题证明，发表于德语翻译版 *Laws of Form* (1997) 的附录。G. H. 哈代的评论见他的 *A Mathematician's Apology*, Cambridge University Press, 1940, Section 10。

与此同时……

斯潘塞－布朗的证明方法和他的讲座资料见 1976 年 12 月 17 日和 24 日的 *Times Higher Education Supplement*，以及 1976 年 12 月 23 日和 30 日、1977 年 1 月 6 日的 *New Scientist*。他对斯坦福大学的访问见 Martin Gardner, *The Last Recreations*, Springer/Copernicus, 1997, 88–89。关于斯潘塞－布朗的思想的进一步讨论，以及它们与其他数学领域之间的关联，见 Louis H. Kauffman, "Reformulating the map color theorem", *Discrete Mathematics* 202 (2005), 145–172。

阿莱尔关于四色定理证明的论文是 "Another proof of the four colour theorem, I", *Proceedings of the Seventh Manitoba Conference on Numerical Mathematics and Computing* (1977), 3–72。

阿佩尔和哈肯发表在《科学美国人》上的文章以及萨蒂和凯南的书参见"延伸阅读"。萨蒂自己的文章是 "Thirteen colorful variations on Guthrie's four-color conjecture", *American Mathematical Monthly* 79 (January 1972), 2–43。

乌尔里希·施密特的学位论文是 "Überprüfung des Beweis für den Vierfarbensatz", Diplomarbeit, Technische Hochschule Aachen, 1982。S. 佐伯的发现见他的 "Verification of the Discharging Procedure in the Four Color Theorem", Master's Thesis, University of Tokyo, 1985。

阿佩尔和哈肯的文章《四种颜色就够了》即 "The four color proof suffices", *Mathematical Intelligencer* 8 (1) (1986), 10–20, 58。他们的书《所有平面地图都能用四种颜色着色》即 *Every Planar Map is Four Colorable*, American Mathematical Society, 1989。

一个新证明

由尼尔·罗伯逊、丹尼尔·桑德斯、保罗·西摩和罗宾·托马斯所给证明的提纲，见西摩的 "Progress on the four-color theorem", *Proceedings of the International Congress of Mathematicians, Zürich*, Birkhäuser, 1995。他们对此的论述见四人合著的 "A new proof of the four-colour theorem", *Electronic Research Announcements of the American Mathematical Society* 2 (1) (August 1996), 17–25 和 "The four-color theorem", *Journal of Combinatorial Theory B* 70 (1997), 2–44。

罗宾·托马斯写的有趣的文章是 "An update on the four-color theorem", *Notices of the American Mathematical Society* 45 (7) (August 1998), 848–859。

走进新千年

在伦敦举行的 150 周年纪念会上的演讲包括：

罗宾·威尔逊："The four colour problem: 1852–1940"

肯尼思·阿佩尔和沃尔夫冈·哈肯："Solving the four-colour problem"

丹·阿奇迪肯："From the Heawood conjecture to topological graph theory"

罗宾·托马斯："The four-colour theorem and beyond"

约翰·P. 施泰因贝格尔的文章是 "An unavoidable set of *D*-reducible configurations", *Transactions of the American Mathematical Society* 362 (2010), 6631–6661。

乔治斯·贡蒂尔关于计算机检验的文章见 "Formal proof—The four-color theorem", *Notices of the American Mathematical Society* 55 (December 2008), 1382–1393。

未来

图特的话见 "Coloring problems", *Mathematical Intelligencer* 1 (1978), 72–75。

在"诸多难题"中，尚未解决的有哈德维格猜想（Hadwiger's conjecture）和 5–流猜想（five-flow conjecture）。它们都是用图论的术语来描述的，具体细节可以参考图论书籍。

本书正文结尾的诗是比尔·图特创作的，他是 20 世纪顶尖图论学家之一。然而就在我将本书原稿交给出版社的那天，我得知他离开了人间这一令人悲伤的消息。

四色问题大事年表

1750 年	11 月 14 日，莱昂哈德·欧拉在给克里斯蒂安·哥德巴赫的信中提出多面体公式，但他无法证明该公式。
1794 年	阿德里安－马里·勒让德首次正确地证明多面体公式。
1811—1813 年	西蒙－安托万－让·吕利耶发现带孔多面体的多面体公式，奥古斯丁－路易·柯西证明将多面体投影到平面后的公式。
约 1840 年	奥古斯特·费迪南德·默比乌斯在一次讲座中提出五位王子问题。
1852 年	弗朗西斯·格思里发现对英国地图而言，四种颜色就够了。
	10 月 23 日，奥古斯塔斯·德·摩根给威廉·罗恩·哈密顿爵士写关于四色问题的信。
1853—1854 年	德·摩根给威廉·休厄尔和罗伯特·埃利斯写关于四色问题的信。
1854 年	6 月 10 日，四色问题出现在《雅典娜神庙》的"杂记"专栏中，这是该问题首次出现在出版物上。
1855 年	托马斯·彭尼顿·柯克曼研究多面体上的回路。
1856 年	哈密顿提出二十演算，并将它应用到十二面体的

回路上。

1860 年	4 月 14 日，一篇由德·摩根写的书评被匿名发表在《雅典娜神庙》上，该书评提到四色问题。
约 1868 年	查尔斯·桑德斯·皮尔斯在哈佛大学提出四色问题的一个解决方案。
1878 年	6 月 13 日，阿瑟·凯莱在伦敦数学学会一个会议上问及四色问题。
1879 年	凯莱的笔记显示，要想解决四色问题，只需要考虑三次地图就够了。
	艾尔弗雷德·布雷·肯普在《美国数学杂志》上发表号称解决了四色定理的证明，美国巴尔的摩的约翰斯·霍普金斯大学举行的会议探讨了肯普的证明。
1880 年	彼得·格思里·泰特证明用四种颜色给地图着色等价于用三种颜色给边界线着色，他还猜想所有三次多面体都有哈密顿回路。
	弗雷德里克·格思里确定他的哥哥弗朗西斯为四色问题的提出者。
1885 年	理查德·巴尔策在德国莱比锡混淆了四色问题和五位王子问题。
1886 年	四色问题成为英国克利夫顿学院学生的竞赛题。
1889 年	伦敦主教弗雷德里克·坦普尔混淆了四色问题和五位王子问题。
1890 年	珀西·约翰·希伍德指出肯普证明里的错误，并证明五色定理。他还尝试将四色问题拓展为"帝国问

题"和为环面上的地图着色问题。他证明所有环面
上的地图都可以只用七种颜色完成着色，并且构造
出一个需要七种颜色的环面地图。对于有两个及以
上孔的环面，他给出了正确的颜色种数计算公式，
但是没能证明存在需要这些颜色的地图。

1891 年　洛塔尔·黑夫特尔指出希伍德关于有两个及以上
孔的环面的论证是有缺陷的。

1898 年　希伍德发表了一篇论文，他在论文里拓展了泰特
关于为地图的边界线着色的思想。

1904 年　保罗·韦尼克构造出一个不可避免的构形集。

1912 年　乔治·伯克霍夫提出色多项式的概念。

1913 年　伯克霍夫开创对可约构形的研究，并证明伯克霍
夫菱形是可约的。

1920 年　菲利普·富兰克林发现一些新的不可避免的构形
集，并证明对于所有不多于 25 个国家的地图，四
种颜色就够了。

1926 年　克拉伦斯·雷诺兹将富兰克林的结论提高至不多
于 27 个国家。

1930—1932 年　伯克霍夫和哈斯勒·惠特尼在色多项式方面获得
更多成果。

约 1935 年　海因里希·黑施开始对四色问题产生兴趣。

1938 年　富兰克林证明对于所有不多于 31 个国家的地图，
四种颜色就够了。

1940 年　C. E. 温将富兰克林的结论提高至不多于 35 个
国家。

	亨利·勒贝格发现一些新的不可避免集。
1946 年	伯克霍夫和 D. C. 刘易斯合写关于色多项式的长篇论文。
	比尔·图特构造了一个不存在哈密顿回路的三次多面体，从而推翻了泰特 1880 年的猜想。
约 1948 年	黑施提议寻找一个可约构形的不可避免集。
20 世纪 60 年代	爱德华·F. 穆尔证明任意可约构形的不可避免集必定很复杂，其至少会包含一个环尺寸不小于 12 的构形。
约 1965 年	黑施和卡尔·迪雷利用计算机检验构形的可约性。
1967 年	第一本关于四色问题的专著出版，作者是厄于斯泰因·奥尔。
1968 年	奥尔和乔尔·斯坦普尔证明对于所有不多于 40 个国家的地图，四种颜色就够了。
	格哈德·林格尔和特德·扬斯证明不少于两个孔的环面的希伍德猜想。
1969 年	黑施出版关于四色问题的专著，在书中首次讨论了放电法，并引入了 D 可约和 C 可约两个术语。
约 1970 年	黑施和沃尔夫冈·哈肯就四色问题开始合作。
1971 年	黑施构造出三个可约障碍。
	岛本义雄构造出岛本马掌构形，后来被发现不是 D 可约的。
1972 年	肯尼思·阿佩尔开始与哈肯合作。
1974 年	约翰·科克加入阿佩尔和哈肯。
1975 年	马丁·加德纳在《科学美国人》的愚人节专栏里

编了一个四色问题的所谓反例。

1976 年　7 月 22 日，阿佩尔和哈肯公开宣布他们证明了四色定理，该证明基于他们构造的一个包含 1936 个可约构形的不可避免集。

1977 年　阿佩尔、哈肯和科克在《伊利诺伊数学学报》上发表了关于四色定理的证明，该证明基于他们构造的一个包含 1482 个可约构形的不可避免集。

托马斯·萨蒂和保罗·凯南合著的关于四色问题的书籍出版。

1979 年　托马斯·蒂莫奇科发表哲学论文，批评阿佩尔和哈肯关于四色定理的证明。

1981 年　乌尔里希·施密特在阿佩尔和哈肯的证明中发现一处错误，该错误随后得到更正。

1984 年　布拉德·杰克逊和格哈德·林格尔基本解决希伍德的"帝国问题"。

1986 年　阿佩尔和哈肯发表介绍他们方法的论文，并驳斥长久以来关于他们证明的流言。

1989 年　阿佩尔和哈肯以书的形式完成了他们证明的扩展版本，该书名为《所有平面地图都能用四种颜色着色》。

1994 年　尼尔·罗伯逊、丹尼尔·桑德斯、保罗·西摩和罗宾·托马斯改进四色定理的证明。他们沿用阿佩尔和哈肯的基本方法，构造了一个包含 633 个可约构形的不可避免集。其证明的两个部分都使用了计算机。

2002 年	伦敦数学学会召开特别会议，庆祝四色问题提出 150 周年。
2004 年	乔治斯·贡蒂尔就罗伯逊等人的证明给出形式化的机器验证。
2008 年	约翰·P. 施泰因贝格尔发表仅使用 D 可约构形的四色定理证明。

插图出处说明

p. 14: copyright © April 1975 by *Scientific American*, Inc. All rights reserved.

p. 16: from TCD MS1493/668, reproduced by courtesy of The Board of Trinity College, Dublin.

pp. 21, 71, 72, 103: courtesy of the London Mathematical Society.

p. 28: August Ferdinand Möbius, *Gesammelte Werke*, Hirzel, Stuttgart, 1885.

pp. iv, 38, 106, 113: collection of the author.

p. 59: *Illustrated London News*, September 15, 1883.

p. 94: C. Knott, *Life and Scientific Work of Peter Guthrie Tait*, Cambridge University Press, 1911.

p. 115: reproduced from *The Quarterly Journal of Pure and Applied Mathematics* with permission from Oxford University Press.

p. 148: from G. D. Birkhoff, *Collected Mathematical Papers* courtesy of the American Mathematical Society and Dover Publications.

p. 165: courtesy of Gerhard Ringel.

pp. 167, 173, 178, 179: from H.-G. Bigalke, *Heinrich Heesch: Kristallgeometrie, Parkettierungen, Vierfarbenforschung, Birkhauser*, Basel, 1988, supplied by H.-G. Bigalke.

p. 191 reproduced from the *Journal of Combinatorial Theory* with permission from Academic Press, Inc., Harcourt Publishing Division.

p. 193: courtesy of John Koch.

p. 193: courtesy of the University of Illinois at Urbana-Champaign.

p. 199: courtesy of Kenneth Appel.

本书已尽力确保图片版权使用合法，但如果仍有例外，请联系出版社。

____ 译后记

"四种颜色就够了！"这是人类智慧了不起的胜利。

这本书开始翻译的时间，其实早于《数学万花筒3：夏尔摩斯探案集》，但由于种种原因，直到现在才完工。在翻译过程中，译者联系了作者罗宾·威尔逊教授，向他请教原文中一些理解上的问题并确认讹误，很快就得到了他的答复。作为数学教授的他，通过本书尽显其严谨的治学态度和专业素养。本书虽是科普作品，但深入浅出的正文（以至于基本不需要提供额外注释）、详尽的参考文献又使它完全当得起"专业"二字。毫不夸张地说："地图着色，四种颜色就够了；关于四色问题的科普，这一本书就够了。"

本书的编辑包容了我的诸多缺点，并花费了大量精力帮我改正错误和弥补不足，在此由衷地表示感谢。同时，也感谢我的家人和朋友给予我的帮助和鼓励。没有大家的支持，这本书恐怕是很难付梓的。由于成书过程较长，小女珺捷也从一个小朋友，成长为能为本书文字提出意见的"搭档"。虽然她对此书的帮助远不及哈肯和阿佩尔的子女对他们的父亲提供的帮助，但我还是要对她表示特别的谢意。

四色问题虽然已被证明，但它因其独特的地位仍然具有研究价值。就像作者在中文版自序里说的那样，根本性的方法革新还有待探索。希望本书能填补中文科普文献在四色问题上的空白，让更多的人能知道这段历史佳话，了解处理问题的方法。

最后需要提醒的是，四色问题是专业性极强的问题，如果读者想尝试研究新方法，建议先储备相关知识，以免浪费时间。

如需联系译者，或查看本书勘误等，请参考图灵社区本书主页。

何生

2023 年 2 月